유대인 유치원에서 배운 것들

유대인 유치원에서 배운 것들

우웨이닝 지음 | 정유희 옮김

유아이북스
For The Ultimate Information

유대인 유치원에서 배운 것들

1판 1쇄 발행 2014년 9월 20일
1판 2쇄 발행 2016년 9월 25일

지은이 우웨이닝
옮긴이 정유희
펴낸이 이윤규

펴낸곳 유아이북스
출판등록 2012년 4월 2일
주소 서울시 용산구 효창원로 64길 6
전화 (02) 704-2521
팩스 (02) 715-3536
이메일 uibooks@uibooks.co.kr

ISBN 978-89-98156-23-7 13590
값 13,000원

* 이 도서의 국립중앙도서관 출판시도서목록(CIP)은 서지정보유통지원시스템 홈페이지(http://seoji.nl.go.kr)와 국가 자료공동목록시스템(http://www.nl.go.kr/kolisnet)에서 이용하실 수 있습니다. (CIP 제어번호 : CIP2014024208)

유대인이 똑똑한 데는
다 이유가 있다

이스라엘에서 유대인 남편을 만나기 전, 나는 유대인에 대해 고정관념을 가지고 있었다. 검은 모자, 보수적인 사고방식, 비상한 머리, 뛰어난 사업 수완, 자녀가 책과 친해지도록 책에 꿀을 바르는 부모. 내 머릿속의 유대인은 전통을 철두철미하게 지키는 민족이었고, 이스라엘은 전쟁의 포화가 끊이지 않는 나라였다.

남편과의 만남은 운명이었다.

짧디짧은 2주간의 이스라엘 여행에서 우리는 처음 만났고 열렬히 사랑했다. 그때 나는 유대인 남성이 다른 어느 나라 남자보다 낭만적이고 열정적이라는 걸 느꼈다. 짧은 머리, 하얀 피부의 남편은 내가 알던 긴 턱수염에 중앙아시아인의 얼굴을 한 유대인과는 많이 달랐다. 나중에 검은 머리카락, 검은색 피부를 한 에티오피아계 유대인을 보고 나서야 유대인의 얼굴과 피부색이 매우 다양하다는 사실을 알게 됐다.

이스라엘과의 만남은 또 다른 운명이었다. 전란이 끊이지 않아 낙후되고 가난한 나라라고 생각했다. 그러나 이스라엘은 자유민주주의를 신봉하는 부유하고 아름다운 국가였다. 해안도시 텔아비브(Tel Aviv)의 아름다움, 지중해 해변에서 휴가를 즐기는 비키니 수영복 차림의 미녀, 예루살렘 통곡의 벽(Wailing Wall)이 증언하는 오랜 역사…. 이 모두가 저절로 감탄을 자아내게 한다.

1948년 건국 이후, 이스라엘 정부와 국민은 힘을 합쳐 눈부신 경제 성장을 이루었다. 2013년 GDP(국내총생산)는 2727억 달러로 칠레, 홍콩에 이어 세계 40위다. 전형적인 지중해성 기후로 화훼, 농업, 제약, 의료, 첨단기술 분야에서 강세를 보인다.

이스라엘은 75%의 유대인과 20%의 아랍인으로 구성된 민주국가이다. 국내에 오직 하나의 하천만 있을 뿐 국토 면적의 60%가 사막인 이 나라가 성공을 거둔 비결은 이미 많은 사람이 알고 있다.

그것은 바로 '교육'이다.

남편과 결혼하기로 결심한 뒤 나는 그에게 이스라엘의 교육 현장을 안내해달라고 부탁했다. 그날 우리는 유치원으로 갔다. 그곳에 가면 어린아이들이 가지런히 앉아 성경을 낭송하는 모습을 보게 되리라 기대했었다. 그런데 실제로 본 유치원의 모습은 나의 상상과는 너무나 달랐다.

아이들은 마당의 나무에 기어오르고, 모래밭에서 모래성을 쌓고 있었다. 장난감방에서는 장난감을 가지고 역할놀이를 했다. 돌이 넘은 아기들은 기저귀 차림으로 욕조에 앉아 신나게 노래를 부르며 물놀이를 하고 있었다.

만 3세 이상의 유치원생 교실에는 글자 연습용 자석칠판이 보이지 않았다. 아이들에게 내주는 숙제도 없었다. 유치원의 하루 일과표는 온통 '놀이'로 채워져 있었다.

푸른 나무, 파란 하늘에 둘러싸여 아이들이 해맑게 뛰노는 모습을 보고 있으니 미소가 저절로 번졌다. 그제야 나는 이스라엘의 교육이 지식 전달에 치중하지 않는 개방적이고 자유로운 교육이라는 사실을 깨달았다.

그러나 단순히 개방적이고 자유로운 교육만으로 우수한 인재를 키워낼 수 있을까? 어째서 인텔, 구글, HP, 모토로라, 애플 등 세계 첨단기술을 자랑하는 기업들이 전쟁의 위험을 무릅쓰고 이스라엘에 대형 연구개발센터를 세우려는 것일까?

이곳에서 아이를 임신하고 낳아 기르면서 나는 이스라엘 사회를 직접 보고, 겪고, 배우고, 생각했다. 자녀들을 이스라엘의 교육 시스템에 들여보낸 뒤 나는 유대인이 글자 공부와 셈하기를 취학 전 교육의 핵심으로 삼지 않는다는 사실에 놀랐다.

내가 느낀 이스라엘 교육의 핵심 키워드는 세 가지다.

첫 번째 키워드는 '사랑'이다. 이스라엘은 2000년에 세계에서 열 번째로 부모가 자녀를 체벌하는 것을 법으로 금지했다. 학교에서는 그보다 더 일찍 체벌이 금지됐다. 어른이 아이를 때릴 수 없으므로 부모와 교사는 더 나은 교육방법을 찾기 위해 고민하고 아이와 소통하기 위해 노력한다.

두 번째 키워드는 '존중'이다. 이스라엘 사회는 부모에게 아기가 태어나는 순간부터 개성을 존중하고 자녀에게 최대한의 자유와 선택의 기회를 줄 것을 요구한다. 그들은 이렇게 해야만 부모가 진정으로 자녀의 기질을 발견할 수 있고, 그에 맞게 양육할 수 있으며, 아이가 필요로 하는 것을 정확하게 제공할 수 있다고 믿는다.

내가 발견한 이스라엘 교육의 마지막 키워드는 느림과 혼란에 대한 '포용'이다. 그들은 출발이 느리다고 불안해하지 않으며 어지럽힘을 개의치 않는다. 아기가 스스로 먹게 하고 바닥을 기어 다니도록 놔둔다. 결코 아이를 때리는 법이 없으며 어른이라는 권위를 남용하지 않는다.

어디 그것뿐이랴. 아이가 말을 배우기 시작하면서 끊임없이 쏟아내는 '왜'와 '어째서'를 받아준다. 그들은 자녀에게 권위를 두려워하지 않는 태도와 호기심을 길러줘야만 아이가 지식에 열정을 갖고 새로운 것이 도전할 수 있다고 믿는다.

결론적으로, 내가 발견한 이스라엘 교육의 목표는 모든 아이의 자아실현이다. 이 나라 교육에서 강조하는 사랑과 개방, 존중과 자유, 느림과 혼란에 대한 포용. 이 모든 것이 아이가 자신을 배우고, 이해하도록 돕는다. 그들은 아이가 스스로를 이해해야만 장래에 자신이 해야 할 일이 무엇인지 찾을 수 있으며 나아가서는 자아를 실현할 수 있다고 믿는다.

교육이 막연하게 느껴지는가? 내가 이 책을 쓴 이유가 바로 여기에 있다.

본서에 담긴 이야기는 모두 직접 겪은 일이다. 이 책에는 통계 수치나 이론은 거의 없다. 그 대신 살아가는 이야기, 사람 사이의 정이 담겨 있다. 이 이야기를 통해 이스라엘의 교육철학과 방법이 구체적이고 생생하게 전달돼 현대 유대인 교육에 대해 독자들이 느꼈던 궁금증이 풀리기를 바란다.

이스라엘 교육이 나에게 운명이었던 것처럼 이 책이 독자분께 운명적인 만남이 되기를 바란다.

유대문화와 동양문화의 만남

'노야 맘' 우웨이닝 씨. 그녀의 책은 이스라엘에서의 생활과 그곳의 교육을 그녀만의 지적이고 독특한 관점에서 소개하고 있습니다. 유대인과 결혼해 이스라엘에서 사는 그녀는 한 남자의 아내이자 어여쁜 세 딸의 엄마로서 재치있는 관찰력과 뛰어난 통찰력을 가지고 있습니다. 또한 대만과 이스라엘에서 교사로 일한 경력은 이 책에 전문성을 더해줍니다.

이런 질문을 참 많이 받습니다.

'이스라엘 교육의 비법은 무엇인가?'

'유대인이 노벨상 수상자의 25%를 차지하는 이유는 무엇인가?

유대문화와 동양문화 모두 가정과 교육을 중시합니다. 이는 두 문화가 보여주는 현저한 유사성이지요. 이 책은 우리에게 하나의 창을 열어주었고 우리는 이 창을 통해 두 문화의 차이를 엿볼 수 있습니다.

이스라엘 사회의 특징은 무엇일까요?

끊임없는 질문, 기존 진리에 대한 도전, '불가능'을 받아들이지 않는 태도 그리고 나이와 문화를 뛰어 넘어 모든 사람이 머리를 맞대고 문제를 해결하는 사회. 이것이 바로 이스라엘입니다.

개방적이고 도전적인 환경 속에서 어린 세 딸을 키우는 엄마, 피부색이 다른 이스라엘 아동과 부대끼며 사는 유치원 교사. 이 두 가지 역할은 노야 맘에게도 새로운 세계였습니다. 이제 그녀는 이 세계의 안내자가 되어 이스라엘 사회가 독립적이고 똑똑한 인재를 길러내는 방법을 알려줍니다.

그녀의 책을 통해 우리는 질서과 규율을 지키면서도 어떻게 호기심과 창조력을 가르치는지, 크고 작은 사건을 거쳐 아이가 성장해가는 과정을 확인할 수 있습니다.

낯선 나라에서 세 아이를 키우는 노야 맘의 좌충우돌 육아일기. 당신은 그녀의 놀라운 관찰력과 재치에 매료될 것입니다.

주대만 이스라엘 대사
시모나 할프린(Simona Halperin)

Contents

Part 3 음식 먹을 권리는 아이에게 있다

이스라엘에서
세 아이의
엄마가 되다

유대인의 자녀 교육은 임신과 출산에서부터 시
작된다고 할 수 있다. 이스라엘 사회가 얼마나
아이를 소중히 여기는지는 임산부를 보살피는
이스라엘 사람들의 지극한 정성을 보면 쉽게 짐
작할 수 있다.

해답은 아이가 알고 있다

유치원에서 만 4세반으로 올라간 큰딸 노야(Noya)는 《공주의 달》이라
는 동화를 유달리 좋아했다. 이 동화의 주인공인 어린 공주는 안타깝
게도 병을 앓고 있었다. 공주는 아버지인 왕에게 달을 따달라고 애원했
다. 그래야만 병이 나을 수 있다는 것이다. 왕은 신하들과 현인들을 한
곳에 불러 모아 이 일을 의논했다. 하지만 그 누구도 하늘에 떠 있는 달
을 따올 방법을 내놓지 못했다. 이때 평범하기 그지없는 어릿광대가 묘
책을 생각해냈다. 이 문제를 공주가 내놓았으니 그 해답 또한 공주가 알
고 있을 것이라고 말이다. 그리하여 왕은 공주에게 어떻게 하면 달을 따
올 수 있을지 물었는데….

나는 남편에게 농담 반 진담 반으로 이런 말을 자주 한다.

"여보, 우리 노야는 꼬마 예술가야!"

큰딸 노야는 머리가 좋고 사람의 눈길을 끄는 매력이 있다. 무슨 일이든 집중을 잘해서 금세 배웠고 특히 그림에 재능을 보였다. 하지만 고집이 세서 가끔씩 심통이 나면 아무도 말리지 못한다. 유치원 담임 선생님이 '작은 고추'라는 별명을 노야에게 붙여주셨다. 평소에는 순둥이지만 어쩌다 한 번 화가 나면 목청이 터져라 울며 떼를 썼기 때문이다. 그럴 때면 한참을 어르고 달래야 했다.

나와 남편은 성격이 순하고 감정 변화가 크지 않은 편이다. 그렇다보니 우리 부부가 다투는 일은 거의 없었다. 이렇게 온순한 두 사람 사이에서 드센 성격을 가진 아이가 태어났다는 사실이 그저 신기할 따름이다. 아기 때는 비명을 질렀고, 조금 더 커서는 비명을 지르는 대신 울며 보챘다. 나와 남편은 아이의 불안한 심리 상태를 어떻게 진정시켜야 할지 몰라 걱정이 이만저만이 아니었다. 이것 말고도 또 다른 문제가 수시로 터져서 우리 부부는 도무지 어찌할 바를 몰랐다.

당시 노야가 다니던 유치원은 만 4세반과 만 5세반을 하나의 학급으로 합쳐서 운영하고 있었다. 딸아이가 속했던 만 3세반은 원래 9명이었는데 상급반으로 올라가면서 인원이 22명으로 갑작스럽게 늘어났다. 노야는 만 3세반 아이 중에선 나이가 가장 많았는데 이제 새로운 반에서 나이순으로 치면 중간 그룹에 속하게 되었다. 새로운 환경에 적응하기 어려웠는지 아이의 심리 상태는 더욱 불안정해졌다. 완벽주의자이기도 한 노야는 유치원에서 배운 예절과 규칙을 지키려고 노력했고 반 친구들도 그렇게 하기를 원했다. 그래서 집에 돌아오면 같은 반의 누가 어떤 잘못을 했는지 일일이 열거하며 못마땅해했다. 자신의 그림을 보고 못 그렸다고 말한 친구의 얘기를 할 때는 몹시 풀이 죽어 있었다.

떼쓰고 울어도 소용없어!

나와 남편 모두 이 시기가 노야에게 하나의 과도기임을 알고 있었다. 반이 바뀌면서 낯선 교실, 새로운 친구들과 적응을 해야 하고, 무엇보다 동급생 사이에서 자신의 위치와 역할을 찾아야만 했다. 심통을 내는 횟수가 점점 늘어나더니 나중에 가서는 조금이라도 자기 마음에 들지 않으면 소리를 지르며 성질을 부렸다. 보다 못한 우리 부부는 유치원 선생님을 찾아갔다. 선생님은 우리에게 인내심을 가지고 노야를 전보다 더 자주 안아주고 사랑을 표현해주라고 충고했다. 아이가 짜증을 내고 성질을 부리면 그대로 두었다가 어느 정도 진정이 된 뒤에 차분히 대화를 나누라고 하셨다.

그 후 아이와 대화하는 데에 남편이 놀라운 능력을 발휘했다. 그는 노야가 심술을 내는 근본적인 이유를 알아냈다. 그것은 다름 아닌 같은 반 친구의 매정한 말이나 밉살스런 행동이었다.

"네 옷 정말 이상하다!"

"그림이 뭐 이래!"

이런 말을 들은 우리 딸은 속이 상했지만 어떻게 대꾸해야 할지 몰라 성질을 부렸던 것이다. 남편은 오랜 시간을 들여 노야가 상황에 따라 어떻게 대처하면 좋은지 알려주었다. 친구에게 기분 나쁜 말을 들으면 흥분하지 말고 마음을 가라앉히라고 일러주었다. 또 그런 친구에게 어떻게 대꾸할지도 가르쳤다.

"유치원 친구가 노야가 열심히 그린 그림을 보고 못 그렸다고 하면 어떻게 대답할 거야?"

남편은 아이를 씻기면서 이런 질문으로 대화의 문을 열었다. 나중에는 나도 그가 하는 방법대로 이런 저런 상황을 설정해서 어떻게 말하고 행동해야 할지를 훈련시켰다.

하지만 노야가 성질을 부리면 우리는 우리대로 감정을 조절하지 못했고 이 상황을 어찌 해결하면 좋을지 갈피를 잡지 못했다. 나와 남편은 아이가 울고 떼를 써도 응석을 받아주지 않고 더욱 엄하게 대했다. 외출하는 길에 노야가 고집을 부리며 울음을 멈추지 않으면 집으로 돌아가겠다고 경고했다. 그래도 떼를 쓰면 열 번 중에 아홉 번은 가던 길을 멈추고 집으로 돌아갔다. 이런 일이 생길 때마다 가장 억울한 사람은 둘째 딸 마야였다. 외출한다고 신나 있다가 영문도 모르고 집으로 돌아와야 했으니 말이다.

한번은 온가족이 해변으로 놀러 간 적이 있었다. 그날따라 노야는 자기가 라디오 채널을 돌리겠다고 고집을 부렸다. 그런데 신호가 잘 잡히지 않아 귀를 자극하는 소음만 나왔다. 참다못한 남편이 채널을 바꾸자 큰애는 울음을 터뜨렸다. 아이가 울자 그이도 기분이 상해서 결국 차를 돌려 집으로 돌아갔다. 집으로 돌아간다는 결정이 내려지면 노야는 더 크고 서럽게 울었다. 이렇게 해서 집에 도착하면 딸은 자기 방에 들어가 기분이 풀릴 때까지 울었다. 울만큼 다 울고 난 노야는 방에서 나와 우리에게 사과했다. 얼굴은 눈물로 얼룩진 채 내 품에 안긴 아이를 보고 있으면 가슴이 미어졌다. 이런 성격을 고치지 못하면 나중에 커서 상처를 많이 입을 텐데 하는 걱정에 마음은 더욱 무거워졌다.

나와 남편은 떼를 쓰는 노야를 어떻게 해야 할지 상당히 오랫동안 고민했다. 매사에 아이 뜻을 따를 수는 없으니 감정적인 충돌을 피할 수 없었다. 이때 마음이 약해져서 아이의 뜻을 받아주면 언제든 떼쓰고 울면 해결된다는 잘못된 생각이 박힌다. 따라서 아이가 아무리 심하게 고집을 피워도 우리는 자녀교육 원칙을 고수하기로 했다.

우리 부부가 아이에게 속상한 일이 있을 때 어떻게 대처해야 하는지 훈련시킨 이후로 노야가 성질을 부리는 횟수가 눈에 띄게 줄었다. 그러나 딸아이가 자지러지게 울며 소리를 지르는 상황이 닥치면 우리는 다시금 절망의 나락으로 빠졌다.

아가, 엄마가 정말 미안해

어느 날 저녁의 일이었다.

나와 노야는 공원에서 시간을 보낸 뒤 할아버지 댁에 가기로 미리 약속을 했다. 그러나 아이는 노는 데 정신이 팔려 좀처럼 공원을 나서려 하지 않았다. 내가 몇 번이고 재촉을 해서야 노야는 얼굴에 심술이 가득한 채 마지못해 길을 나섰다. 그런데 딸아이가 내 옆으로 와서는 이렇게 말하는 것이었다.

"엄마 정말 미워."

이 말을 듣자 나는 화가 치밀어 버럭 소리를 질렀다.

"오늘 할아버지, 할머니 뵈러 가기로 엄마랑 약속했잖니. 약속을 안 지킨 건 넌데 어째서 엄마가 밉다는 거야?"

노야는 여전히 불만이 가득했다.

"그치만 아직 다 못 놀았단 말야…."

간신히 말을 마치고는 서럽게 울기 시작했다. 나는 일단 우는 아이를 타이른 뒤 굳은 표정으로 엄하게 경고했다.

"계속 울고 보채면 집으로 돌아갈 거야. 엄마는 할아버지 댁에 우는 애는 데리고 가기 싫어."

이 얘기를 세 번째 되풀이했을 때 갑자기 노야가 고개를 들어 내 눈을 보았다. 그리고는 울음을 참으려고 나름대로 애를 쓰며 힘겹게 입을 열었다.

"나도 울기 싫은데 울음이 그쳐지지 않는걸."

이렇게 말하고는 더 이상은 참기 힘들었는지 다시 한 번 '앙~' 하고 울음을 터뜨렸다.

노야의 목소리는 아주 작고 발음도 분명하지 않았다. 하지만 내 귀에는 마치 천둥소리처럼 쩌렁쩌렁하게 들렸다. 잠시 넋을 잃은 나는 서둘러 정신을 차리고 울고 있는 아이를 품에 안았다. 그 순간 가슴속에서 뜨거운 열기가 얼굴로 솟구치는 게 느껴졌다. 자신이 얼마나 못난 엄마인지 더없이 부끄러웠고 어린 딸에게 너무나 미안했다.

우리가 그만 울라고 야단칠 때마다 아이가 더 크게 울었던 것은 반항하거나 고집을 부리려는 것이 아니었다. 사실은 우리에게 자기 생각을 말하고 싶었던 것이다. 다만 자기 몸과 감정이 마음대로 통제가 안 되다보니 더욱 북받쳐 올랐던 것이다. 나와 남편은 그저 자녀교육의 원칙만 고수하느라 딸아이가 이제 겨우 만 4살이라는 사실을 까맣게 잊고 있었다. 아이가 자신의 감정을 통제하기 어려울 때 필요한 것은 부모의 꾸짖음이 아니라 관심이었는데 말이다.

나는 노야가 자신의 어려움을 파악하고 있으며 이를 부모에게 알릴 줄 안다는 사실에 기쁘면서도 내심 놀랐다. 나중에 이 일에 대해 유치원 선생님과 상담을 했는데 선생님은 아이가 울며 떼를 쓸 때 엄마, 아빠를 따라서 심호흡을 하면 심리적으로 안정된다고 말해주었다.

우리는 노야와 이 방법을 몇 차례 사용해보았는데 확실히 효과가 있었다. 문제는 아이가 성질을 크게 부리지 않을 때에만 효과를 본다는 것이다. 몸을 비틀고 자지러지게 울 때는 심호흡을 유도할 수 없었다. 결국 우리 부부는 다른 방법을 찾아야 했다.

해답은 아이가 알고 있다

어느 날 저녁, 노야에게 《공주의 달》을 읽어준 뒤 이야기 속 어릿광대의 말이 마음에 걸려서 아이에게 물었다.

"노야야, 네가 화를 내고 떼를 쓸 때 아빠, 엄마가 어떻게 해주면 좋겠어? 어떻게 하면 우리 노야 기분이 풀릴 수 있을까?"

딸애는 골똘히 생각하더니 이렇게 대답했다.

"내가 화를 내면 엄마도 화를 내잖아. 화난 엄마를 보면 겁이 나서 계속 눈물이 나거든. 그때 엄마나 아빠가 나랑 같이 있어주고, 안아주면 좋겠어. 나 혼자만 방에 남겨두지 말고. 방에 혼자 있으면 너무 외로워."

이 말을 하는 노야의 얼굴은 금방이라도 울음이 터질 것처럼 일그러져 있었다.

과연 나의 짐작이 맞았다. 진작 아이의 생각과 느낌을 물었어야 했는데…. 그동안 나와 남편은 아이가 울만큼 울어 진정이 된 뒤에 타이르는 방법을 써왔다. 아직 나이가 어리니 자기 생각을 제대로 말하지 못할 것이라고 넘겨짚은 채, 정작 당사자인 아이가 무엇을 원하는지 물어볼 생각은 전혀 하지 못했던 것이다.

우리 부부는 나름대로 생각이 트이고 포용심이 많은 부모라고 자부하며 살았다. 아이의 문제를 해결하기 위해서라면 전문가의 의견을 구하는 것도 마다하지 않았다. 그런데 지극히 간단한 방법을 놔두고 멀리서 답을 얻으려 했으니 등잔 밑이 어둡다는 말이 이런 상황을 가리키는 것이 아닐까? 마냥 어리게만 생각했던 아이가 뜻밖에도 자신이 무엇을 원하는지 분명히 알고 있었던 것이다.

"엄마, 아빠가 안아주고 곁에 있어주는 것 말고 노야를 도와줄 다른 방법이 또 있을까?"

나는 계속해서 아이의 생각을 물었다.

"어떤 때는 노야 네가 너무 화가 나 있어서 엄마, 아빠가 안아주려고 하면 밀어낼 때도 있거든."

아이는 잠시 생각하더니 이렇게 말했다.

"그럼 내가 소리를 지르게 놔둬. 엄마도 나랑 같이 소리를 지르면 되겠다. 아니면 동네를 뛰고 오면 기분이 나아질 것 같아."

이렇게 말하는 노야의 얼굴엔 장난기 가득한 미소가 피어올랐다.

"엄마가 노야랑 같이 엉엉 우는 건 어때?"

아이를 어루만지며 나 또한 웃음을 지었다.

결자해지(結者解之)라는 말처럼 매듭은 그것을 맺은 사람이 풀어야 한다.

이때부터 나와 남편은 노야를 엄하게 야단치지 않았다. 아이가 소리를 지르고 성질을 부리더라도 차분하게 타일렀고 아이가 밀어내면 오히려 더 끌어안았다. 가끔은 어른의 체면을 내려놓고 함께 소리를 지르기도 했다. 새로운 방법을 적용한 뒤로 노야가 떼를 쓰는 시간이 줄어들었고 감정 폭발의 정도도 약해졌다. 아이도 부모가 자신을 이해해주고 여전히 사랑한다는 것을 확인하자 자신감이 커졌고 행동거지도 눈에 띄게 좋아졌다. 그제야 비로소 우리 부부는 예전에 사용했던 육아법이 오히려 상황을 악화시킨다는 사실을 깨달았다.

이번 일을 겪고서 깨달은 교훈은 아이를 가장 잘 이해하는 사람은 아이 자신이라는 것이다. 아이에게 자신의 생각과 느낌을 말하도록 기회를 준다면 그 어떤 골치 아픈 문제도 해결하지 못할 것이 없다.

아이는 아이가 가장 잘 안다

이스라엘의 교육목표 중 하나는 아이가 자신을 알고, 이해하도록 가르치는 것이다. 그들은 이 목표를 이루기 위해 자녀를 때리지 않고 채근하지 않는다. 이스라엘의 부모는 신생아가 태어난 순간부터 자녀의 활동주기에 자신들의 하루 일과를 맞춘다. 또한 아이 스스로 먹게 하고, 많이 기어 다니며 놀게 한다. 자녀에게 선택권을 주고 다른 아이들과 어울려 노는 시간을 최대한 제공하며 그 속에서 일어나는 갈등마저도 피하지 않는다. 이 모두가 스스로를 이해하는 아이로 키우기 위해서이다.

나는 어릴 때 '이것은 해라', '이것은 하지 말라'라는 어른들의 가르침과 권위 아래서 자랐다. 그렇기 때문에 이렇게 개방적이고 자유로운 환경에서 진정으로 자신을 알고 이해하는 아이로 키울 수 있을지 의구심을 떨칠 수 없었다. 뿐만 아니라 아직 자아 발달이 덜 된 유아가 자기의 일을 스스로 결정하는 것은 무리라고 여겼다.

하지만 노야와의 대화를 통해서 나의 이런 생각에 변화가 생겼다. 부모에게 충분한 사랑을 받고, 소중한 존재로 인정받고, 어떤 말을 해도 받아들여지는 환경에서라면 자아를 인식하고 자신감이 충만한 아이로 자랄 수 있다는 믿음이 생겼다.

한 걸음 더 나아가 주변 사람들이 자주 했던 충고들, 예를 들면 '천천히 하라', '인내심을 가지라', '더 빨리, 더 많이를 요구하지 말라', '아이의 말에 귀를 기울이라' 등의 충고를 마침내 이해하게 되었다.

노야의 성격은 선천적인 것이라 결코 바꿀 수도 없고 모른 척 넘어갈 수도 없다. 그렇지만 이제 나는 자신감이 생겼다. 이러한 교육 환경에서라면 우리 딸은 조금씩 자신을 인식하게 될 것이고 엄마, 아빠와 나누는 대화 또는 다른 방법을 통해 머지않아 감정을 조절하는 법을 찾아낼 것이다.

《공주의 달》에서 어린 공주는 자신이 원하는 달의 크기와 모양을 사람들에게 알려주었다. 결말 부분에서 공주는 목에 매달린 달 모양의 목걸이를 만지며 만족스러운 표정으로 잠이 들었다.

창밖의 달을 보니 그날 노야가 내게 해결 방법을 알려주며 지었던 미소가 떠오른다. 오늘 밤 나도 홀가분한 마음으로 잠이 들 수 있을 것 같다.

유대인이 책에 꿀을 바르는 이유

단언컨대, 독서는 아이의 상상력과 언어능력을 길러주는 최고의 방법이다. 빌 게이츠, 워런 버핏 등 세계적인 엘리트들은 자신의 성공비결로서 독서를 꼽는다.

유대인들이 책에 꿀을 바른다는 것은 익히 들어온 얘기다. 그런데 왜 꿀을 바르는 것일까? 아이는 손에 침을 묻혀가며 책장을 넘길 때마다 달콤함을 맛본다. 또한 책장에서 풍겨오는 달달한 냄새 때문에 아이들은 책을 가까이 하게 된다.

유대인 부모, 특히 엄마가 아이가 잠들기 전 동화책을 읽어주는 것은 당연한 의무다. 일종의 베갯머리 독서인 셈이다. 우리나라 부모들도 아이의 독서교육에 관심이 많다. 엄마 배 속에 있을 때부터 이야기를 들려주고, 아이가 태어나면 침대 맡에서 책을 읽어준다.

중요한 것은 꾸준함과 진심이다. 둘째 아이가 태어나고 일상에 지치다보면 책 읽어주기는 뒷전으로 밀려난다. 매일 10분에서 15분이면 충분하다. 일방적으로 읽어주지 말고, 아이와 책에 대해 이야기를 나누어보자. 이는 자연스럽게 토론교육으로 이어진다.

낯선 딸아이와의 첫 만남

기나긴 진통을 견딘 보람도 없이 결국 제왕절개수술로 첫아이를 출산했다. 병원에서 나흘을 보낸 뒤 갓난아이를 데리고 드디어 집에 돌아왔다. 새로 마련한 아기 침대에 노야를 눕힌 나와 남편은 약속이나 한 듯이 서로를 쳐다보았다. 소리 내어 말하지는 않았지만 우리 두 사람은 같은 생각을 하고 있었을 것이다.

'이제부터 뭘 어떻게 해야 하나?'

대만인인 나는 이스라엘에 와서 처음 1년 동안 어학원에서 히브리어를 배웠다. 그 후 서툰 히브리어 실력에도 운이 좋았는지 유치원에서 일할 기회를 얻었다.

이 유치원은 생후 3개월 이후의 영아반부터 만 5세반까지 다섯 개의 반으로 구성되어 있다. 나는 미숙한 히브리어로 아이들을 잘못 가르칠까 걱정이 되어 면접을 볼 때 만 1세반에서 일하겠다고 지원했다. 상황에 따라 영아반의 일을 거들겠노라는 약속도 덧붙였다.

나는 대만에서 고등학교 교사로 일했고 교육부에서 교육정책 업무를 맡았다. 이런 내가 지구 건너편 사막의 나라에 와서 갓난쟁이의 콧물을 닦아주고 기저귀 가는 일을 한다고 하니 대만 친구들은 아까운 인재를 썩히게 되었다며 안타까워했다. 하지만 당사자인 나는 인생의 새로운 전환기에서 나름의 즐거움을 누리고 있다.

'이스라엘 엄마'가 되기 위한 준비

대만 교육부에서 중요한 정책을 처리하던 교육 전문가로서의 커리어도 엄마라는 역할을 하는 데 아무런 도움이 되지 않았다. 게다가 곁에서 도와주는 친정 식구도 없었으니 그 막막함은 이루 말할 수 없었다. 다행히도 유치원 영아반에서 일한 경험은 엄마가 되는 데 큰 도움이 되었다.

큰딸 노야를 낳고 병원에 머무는 동안 나는 마치 군기가 바짝 든 신병처럼 신속하고 정확한 방법으로 아기의 기저귀를 갈고 옷을 입혔다. 노야가 울고 보채도 결코 당황하지 않는 나를 보고 신생아실 간호사는 입을 모아 칭찬했다.

큰애를 낳기 전 1년 반 동안 유치원 영아반에서 근무하며 아기 목욕시키기, 재우기와 같은 신생아 돌보는 법을 배웠다. 또한 아기의 하루일과표 짜기, 이유식 먹이기는 물론이고 아기의 울음소리를 듣고 배가 고픈지, 졸린지 아니면 어디가 아픈지를 구별하는 요령도 터득했다. 노야를 임신하고 난 뒤에는 낯선 이스라엘의 문화에 적응하기 위해 동료 유치원 선생님에게 도움을 구했다. 그에게 육아에 필요한 지식과 이스라엘 엄마가 되려면 어떻게 준비해야 하는지 물었다.

다음 날 선생님은 내게 800페이지에 달하는 두툼한 자녀교육지침서를 내밀었다. 영국인이 쓴 이 책은 세계적으로 700만 권이 넘게 팔린 베스트셀러였다. 이스라엘에서도 큰 인기를 얻고 있고 현재까지도 유아교육 관계자와 부모 사이에서 필독서로 인정받고 있다고 한다.

이스라엘은 1년 내내 전쟁의 포화가 사라지지 않는, 전 국민이 군인인 나라이다. 지리적으로는 중동에 속하지만 이 나라의 자녀교육은 서양식 교육을 모델로 하고 있다. 내 눈에 비친 이곳의 교육을 한마디로 설명하자면 자유방임이다. 이스라엘이 서양식 교육을 따르는 이유는 의외로 간단하다. 1948년 건국 당시의 인구 구성을 보면 건국 전 이곳에 거주하던 유대인과 아랍인, 중동전쟁으로 아랍국가에서 도망쳐온 유대인을 제외하면 2차 세계대전 중 유럽의 유대인 수용소에서 살아 돌아온 사람들이 대부분을 차지했다. 유럽에서 온 유대인들은 고국에 와서도 원래 거주했던 지역의 문화적 자본과 지식을 토대로 다양한 문화가 공존하는 이스라엘의 정치, 경제를 주도했다. 그렇다보니 교육에서도 자연스럽게 유럽의 교육방식을 그대로 계승했던 것이다.

갓난아기와의 24시간, 도전은 시작되었다

엄마가 되기 위해 나름대로 사전 준비를 철저히 했지만 불안함과 두려움은 떨칠 수 없었다.

우선, 배 속에 열 달 동안 아기를 품고 있었다고는 해도 세상에 갓 태어난 아기와 마주하는 것은 처음이기 때문이다. 유치원 영아반에서 일할 때 나는 맡은 일에 열정을 쏟았고 최선을 다했다. 그것은 인간이 태어나서 성장하는 과정에 대해 느낀 호기심 때문이었지 결코 내가 모성애가 유달리 강하거나 아기를 좋아해서가 아니었다.

출산 후 병원에서 지내는 동안 아기와 같은 방에서 지냈지만 밤에 잠을 푹 자고 싶을 때는 아기를 신생아실로 보낼 수 있었다. 그곳에는 아기의 목욕을 도와주고 기저귀를 갈아주는 도우미가 있어 무슨 문제가 생기면 수시로 물어보곤 했다. 그런데 집으로 돌아온 다음부터 모든 일을 나 혼자 해야 했다. 아기를 어떻게 돌봐야하는지 어떤 훈련도 받아본 적이 없었다. 이제 막 세상에 나온 아기는 너무나 작고 약했고 원하는 게 있어도 말을 못하니 그저 울 뿐이었다. 24시간 아기 곁을 지키고 아무 탈 없이 건강하게 키우는 책임은 전적으로 나에게 달려 있었다.

집으로 돌아온 첫날, 새로 마련한 아기 침대에 노야를 눕힌 나와 남편은 약속이나 한 듯이 서로를 쳐다보았다. 소리 내어 말하지는 않았지만 우리 두 사람은 같은 생각을 하고 있었을 것이다.

'이제부터 뭘 어떻게 해야 하나?'

우리 부부는 낯선 사람과 친해지려면 꽤 시간이 걸리는 편이다. 아이러니하게 내 배 속에서 나온 아기도 예외가 아니었다. 태어나기 전까지 서로 얼굴도 모르고 부대끼며 생활한 적도 없었으니 아기가 어떤 성격인지 알 턱이 없었다. 우리가 할 수 있는 것이 있다면 오늘부터 이 낯선 아기를 조금씩 알아가는 것이었다.

아기는 전생에서 온 빚쟁이?

이스라엘에 오기 전까지 나는 부모가 자녀를 기르는 방식에 따라 아이의 성격과 습관이 결정된다고 생각했다. 마치 흰 도화지에 그림을 그리는 것처럼 말이다. 아기는 일정한 시간에 일정한 양을 먹고 정해진 시간 동안 자야 좋은 습관을 기를 수 있다고 생각했다. 대만에서는 이렇게 부모가 정한 일과표에 순응하는 아기를 보고 '효자', '효녀'라며 칭찬을 한다. 반면 부모의 일과표를 잘 따르지 않는 아기는 유별스럽다고 한다. 심지어 전생에서 진 빚을 받으러 온 '빚쟁이'라고 부른다.

이스라엘의 교육계와 일반 사회에서는 대단히 과학적이고 이성적인 태도로 신생아를 대한다. 유치원의 영아반에서 일하면서 나는 아기들 각자 독특한 기질을 타고났으며 이는 '유전'에서 비롯되었음을 배웠다. 임신이 되는 순간 이미 아기가 잠을 많이 자는지 적게 자는지, 많이 먹는지 적게 먹는지, 키는 얼마나 자랄지, 수줍은 성격인지 혹은 활발한 성격인지 등 고유한 기질이 기본적으로 정해진다.

물론 부모가 교육을 통해 약간은 바꿀 수 있다. 잠이 적은 아기는 좀 더 오래 자도록 외부 환경을 만들어주고, 낯가림이 심한 아이는 사람들과의 접촉을 늘려 적응력을 키울 수 있다. 하지만 아이의 성격과 기질을 완전히 바꾸기란 어려운 일이며 그렇게 할 필요 또한 없다.

이렇듯 모든 아기의 개성과 기질이 다르기 때문에 이스라엘의 유아교육은 외부적인 조정을 가하기 전에 신생아의 습성을 파악해야 한다고 강조한다. 아기의 하루 일과를 방해하지 않으면서 그들의 필요를 파악해야 한다.

아기의 하루 일과를 방해하지 않는다는 것은 엄마가 전적으로 아기의 활동주기에 맞춘다는 의미다. 배고파하면 먹이고 낮이라도 자고 싶어 하면 자게 놔두어야 한다.

그러나 누구나 알다시피 이론을 말하기란 쉽지만 정작 본인이 엄마가 되고 나면 이론대로 실천하기가 여간 어려운 것이 아니다.

퇴원하고 집에 돌아온 직후 노야는 대부분의 시간을 잠을 자는 데 썼다. 나는 그 틈을 이용해 인터넷 서핑을 하거나 손님을 맞이하고 집안일을 했다. 밤이 되어 내가 더 이상 졸음을 참지 못할 지경이 되면 노야는 그제야 눈빛이 초롱초롱해져서 젖을 먹고 배가 부르면 신나게 놀다가 볼일을 본다. 나를 더 힘들게 한 것은 딸애가 잠들고 나서 서너 시간마다 깬다는 것이다. 잠이 깨면 젖을 먹고 배가 부르면 한두 시간을 놀고 나서야 다시 잠이 들었다.

퇴원하고 3일이 지날 무렵 나는 피로가 극에 달했다. 수십 년 동안 익숙해진, 낮에 활동하고 밤에 잠을 자는 생활을 포기하고 아이가 자면 따라 자는 새로운 생활을 시작했다.

낮에는 전화도 받지 않고 손님도 일체 만나지 않았다. 집안일은 미룰 수 있는 데까지 미루고 오로지 아이를 위해 살았다.

남편 역시 힘들기는 마찬가지였다. 낮에는 직장에 나가고 퇴근 후에는 집안일을 떠맡아야 했으니 말이다. 장보기, 밥하기, 청소하기는 기본이고 한밤중에 잠에서 깨어난 아기 목욕시키는 일도 거들어야 했다. 아기와 함께 생활한 지 2개월째 접어들어서야 우리는 아기의 활동주기를 파악할 수 있었다. 이때부터 밖으로 산책을 나가거나 손님을 맞이하는 등의 여유를 누릴 수 있었고 차츰 개인생활과 가정생활을 새롭게 꾸려갈 수 있었다.

아기가 정해진 시간에 일정한 양을 먹고 한밤중에 깨어나지 않고 곤히 잔다면 얼마나 행복할까라는 생각이 몇 번이고 들었다. 어른들이 자주 보채고 우는 아기를 보고 전생에 떼인 돈 받으러 온 빚쟁이라고 하는 이유를 그제야 알았다.

초보 엄마로서의 시간이 고되고 힘들어도 나는 최대한 아기가 원하는 대로 맞추려고 애썼고 그런 과정에서 노야의 개성과 습관을 파악하게 되었다. 그러다보니 나도 모르게 아기의 입장에서 생각하게 되고 그 덕분에 이스라엘의 유아교육 이론을 한층 더 깊이 이해하게 됐다.

육아는 연애다

남녀가 연애를 시작할 때 서로를 탐색하는 시간이 필요하듯 아기를 키울 때도 서로를 알아가는 시간이 필요하다. 오로지 본능에만 의지해서 살아가는 갓난아기를 이해하는 가장 빠른 방법은 어른이 자신을 포기하는 것이다. 피곤함을 감수해야 하고 때로는 끼니도 잊어야 한다. 친구를 만나지 못한다고 당장 큰일 나는 것은 아니다. 갓난아기가 어른의 생활 습관에 맞추기를 바란다는 것은 말도 안 되는 일이다.

부모가 자신의 아이를 알지도 이해하지도 못하는데 어떻게 아기에게 맞는 육아법을 찾아낼 수 있겠는가? 정해진 시간마다 분유를 먹이고, 울면 울다 지칠 때까지 내버려두는 육아법이 과연 아기를 위한 것일까? 아니면 어른인 부모를 위한 것일까?

이스라엘의 교육이념에 대한 이론적인 해설도 중요하지만 그보다 더 중요한 철학적 토대는 아기를 고유한 성격과 욕구를 가진 독립적인 인격체로 인정하는 것이다. 자녀는 부모가 이끄는 대로 따라야 한다는 생각은 이스라엘에선 상상할 수도 없다.

동생이란 이름의 라이벌, 카인 콤플렉스

형제 사이의 우애는 세상 그 무엇으로도 대신할 수 없을 만큼 소중하다. 그런데 부모, 특히 엄마는 자식 중에서 언제나 막내를 더 챙기기 마련이다. 둘째 아이가 태어난 뒤 그동안 온 가족의 관심과 사랑을 한 몸에 받았던 첫째에게 변화가 찾아왔다. 어떻게 해야 큰애가 동생을 사랑하고 돌봐주는 의젓한 언니가 될 수 있을까?

둘째를 임신하고 나서 이웃들은 축하 인사를 건넨 뒤 어김없이 큰애를 잘 챙기라는 충고를 잊지 않았다. 동생이 생긴다는 것은 큰아이의 짧은 인생에 충격을 줄 수 있기 때문이라고 한다. 그동안 부모의 사랑을 독차지하던 첫째가 갑자기 나타난 갓난아이를 보면 불안감, 두려움, 분노와 같은 부정적인 감정을 느낀다. 이 때문에 동생을 질투하고 청개구리가 되어 무슨 말을 해도 듣지 않는다. 잔뜩 주눅이 들어 눈치를 보며, 때로는 시간을 거슬러 갓난아이처럼 행동하기도 한다. 이런 현상을 가리켜 '카인 콤플렉스(Cain complex)'라고 한다. 이 시기 부모의 경솔한 말이나 행동으로 말미암아 큰아이가 동생을 받아들이지 못할 수도 있다. 다시 말하자면 카인 콤플렉스로 부모 자식 관계에 금이 갈 수 있고, 형제끼리 친해지지 못할 수 있다는 것이다.

내가 사는 동네에는 어린 나이에 결혼한 엄마들이 많다. 이들은 육아 경험이 풍부한 데다 정이 넘쳐서 내게 자신들의 경험을 들려주며 조언을 아끼지 않는다. 둘째를 임신해서 봉긋하게 솟은 배를 내밀며 노야의 손을 잡고 나올 때마다 그들은 동생이 생긴 뒤 첫째 아이가 저지른 온갖 해괴한 행동에 대해 들려주었다.

평소 착했던 아이가 여동생이 태어난 뒤로 갑자기 말을 듣지 않고 아무 때고 울며 보채기 시작했다. 부모가 한눈을 파는 틈을 타서 동생을 때리는 일도 자주 있었다. 어느 날 아침에는 아기 침대에 누워있는 큰아이를 보고 부부가 소스라치게 놀랐다고 한다. 아이의 엄마는 그때를 회상하면서 이렇게 말했다.

"평소에 그렇게도 동생을 못살게 굴던 큰애가 무슨 짓을 했을지 겁이 나서 가슴이 철렁했죠."

또 다른 엄마의 경험담은 이랬다.

둘째가 태어난 뒤로 혼자서 잘 걷던 큰애가 갑자기 바닥을 기어 다니기 시작했다. 말하는 대신 옹알거렸고, 우유를 먹을 때도 젖병에 달라고 고집을 부렸다. 이제 다 컸으니 아기처럼 굴지 말라고 얘기하면 바닥에 드러누워 울음보를 터뜨리며 자신은 아직 애기라고 대답했다.

이웃의 이야기를 듣고 난 뒤 나와 남편은 앞으로 노야에게도 카인 콤플렉스가 올 수 있다는 사실을 받아들였고 곧바로 대책 마련에 나섰다.

나도 엄마랑 잘래

우리 부부는 우선 동생에 관한 동화책을 사서 매일 밤 노야에게 읽어주었다. 아기가 어떻게 태어나는지 설명해주고 언니 혹은 누나가 된다는 것이 얼마나 멋지고 자랑스러운 일인지 알려주었다. 그리고 인형을 사준 뒤 아가는 약해서 쉽게 다치기 때문에 머리카락을 잡거나 팔을 당기면 안 되며, 아기가 울 때 절대로 아무 물건이나 쥐어주지 말고 반드시 엄마, 아빠를 불러야 한다고 일러주었다. 우리는 노야와 함께 아기 방을 꾸몄고 유아용품을 살 때도 꼭 데리고 다녔다. 출산일이 가까워지자 유치원 선생님은 수업시간에 신생아와 관련된 내용을 아이들에게 가르쳐주셨다. 집에 아기가 태어났을 때 무엇을 조심해야 하는지 그리고 아기가 부모 특히 엄마를 필요로 한다는 내용이었다.

출산이 코앞으로 다가왔을 때 우리는 큰아이에게 가르칠 내용은 다 가르쳤다고 내심 만족스러워했다. 동생이 태어나도 노야가 카인 콤플렉스로 괴로워하지 않고 기쁜 마음으로 새로운 생명의 탄생을 맞이하리라고 자신했다. 그러나 예상과 달리 둘째 딸이 태어나고 내가 병원에 입원해 있는 동안 노야의 카인 콤플렉스는 시작되었다.

노야는 태어난 동생을 보러 아빠와 함께 병원에 왔다. 그런데 병원 면회 시간이 끝난 뒤에도 아이는 좀처럼 집으로 가려 들지 않았다. 동생은 엄마와 같이 병원에 있는데 자신만 집으로 돌아가야 한다는 사실을 받아들일 수 없었던 것이다. 노야는 온 병실이 떠나가도록 서럽게 울었고 옆 침대에서 쉬고 있던 산모와 그 가족까지 혼비백산할 지경이었다. 보다 못한 간호사가 노야에게 상황을 설명하며 달래고 나서야 아이는 집으로 돌아가는 데 수긍했다.

"그렇게 달랬는데도 차를 타자마자 당신한테 가겠다고 떼를 쓰는 거야. 집으로 가는 내내 꼬박 40분을 울었어."

나중에 노야 아빠가 들려준 말이다.

이 일을 겪은 뒤에야 카인 콤플렉스가 결코 간단히 극복할 수 있는 문제가 아님을 깨달았다. 그동안 내가 이 문제를 만만하게 생각했던 것이다. 그 때부터 아기와 함께 퇴원해서 집으로 돌아갈 일이 걱정이었다. 출산 직후라 체력도 약해졌는데 감정 기복이 심해진 노야를 어떻게 돌봐야할지 눈앞이 캄캄했다.

나는 언니 너는 동생

퇴원하고 집으로 돌아오던 날 차가 주차장으로 들어섰을 때, 저 멀리서 할머니 손에 이끌려 집으로 걸어오는 노야의 모습이 보였다. 아이는 무슨 좋은 일이 있었는지 한껏 신이 나 있었고 왠지 모를 의젓함도 느껴졌다. 노야는 나와 눈이 마주치자 환하게 웃으며 달려와 나를 힘껏 안아주었고 아기에게 뽀뽀를 해주었다. 딸아이의 다정한 모습에 기쁘기도 했지만 사실 놀라움이 더 컸다.

"엄마 이것 봐봐. 나 오늘부터 언니가 되는 거래."

가슴에 매단 종이 메달을 가리키며 의기양양하게 말했다.

사실 그날 나와 아기가 퇴원한다는 사실을 노야의 담임 선생님도 알고 있었다. 그래서 그날 만들기 시간에 아이들이 커다란 카드를 만들어 그 안에 언니가 된 것을 축하한다는 내용을 담아 노야에게 전달했던 것이다. 그 뿐이 아니었다. 선생님은 따로 금메달을 만들어 그 위에 '나는 언니예요'라는 글을 적었다. 그리고 반 아이들이 보는 앞에서 우리 딸에게 메달을 걸어주고 하루 종일 매고 다니게 했다. 시어머니 말씀에 따르면 이웃들과 다른 학부모들 모두 금메달을 맨 노야를 보자 가던 길을 멈추고 다가와 축하 인사를 건넸다고 한다. 이렇게 유치원에서도 길에서도 많은 사람들의 관심과 주목을 받았으니 신이 날 수밖에.

놀라운 일은 여기서 그치지 않았다. 집으로 돌아오고 난 후 2주일 동안 직장 동료들과 친구들이 둘째 아이의 출산을 축하하러 찾아왔다. 흥미롭게도 모두들 아기를 위한 선물 말고도 노야의 선물까지 준비해왔다. 게다가 집 안으로 들어오자마자 먼저 노야에게 선물을 전해주며 언니가 된 것을 축하한다는 인사를 건넨 뒤에야 아기를 보러 갔다. 사람들로부터 관심을 받아 기분이 좋아진 첫째는 언니가 되었다는 자부심을 느끼며 손님들을 아기 방으로 안내했고 둘째를 가리키며 정중하게 소개했다.

"얘가 내 동생이에요."

유치원 선생님과 친구들의 사려 깊은 행동과 배려 덕분에 나와 남편은 첫 번째 난관을 수월하게 극복할 수 있었다. 노야 역시 새로운 가족을 큰 거부감 없이 편안히 받아들일 수 있었다. 나는 지금도 그분들의 고마움을 잊지 않고 있다.

다시 찾아온 카인 콤플렉스

제법 의젓해졌다고 한시름 놓을 무렵 노야에게 카인 콤플렉스가 다시 찾아왔다.

사실 큰아이는 동생을 무척 아꼈고 잘 돌봐주었다. 남편도 노야에게 언니가 된 기분을 한껏 느끼도록 아기를 자주 안아보게 했다. 아기를 다루는 요령이 서툴러서 간혹 내가 못하게 말려도 그 일로 토라지거나 떼를 쓰지 않았다. 심지어 아기가 울면 내 옷자락을 당기며 아기에게 가보라고 재촉했다.

문제는 나와 노야 사이에서 일어났다.

병원에서 집으로 돌아온 나는 수술 후 회복 중인 몸을 이끌고 갓난아기를 돌봐야했다. 처음 한두 달 동안 나는 먹고, 자고, 둘째 젖 먹이는 일로 하루를 보내느라 노야와 놀아줄 여력이 없었다. 나는 남편이 큰애를 돌봐주기 때문에 별 문제가 없을 거라고 생각했다.

실제로 노야 아빠는 공원, 수영장, 동물원에 노야를 데리고 다니며 놀아주었다. 게다가 집에 돌아오면 내가 침대 맡에서 동화책을 읽어주고 자장가도 불러주었다. 그런데도 딸의 태도는 점점 비뚤어졌고 갈수록 아기처럼 굴었다.

노야는 예전처럼 자기 뜻대로 되지 않으면 바닥에 드러눕고 자지러지게 울었다. 밥을 먹을 때도 온 식탁을 어지럽혔고, 화장실을 가지 않고 버티다 바지에 오줌을 싸기까지 했다. 내가 무슨 말을 해도 전혀 듣지 않거나 청개구리처럼 반대로 행동했다. 몸도 마음도 피곤해진 나는 좋은 얼굴로 아이를 달랠 인내심도 바닥이 나서 윽박지르는 횟수가 늘어났고 노야 역시 점점 더 말썽꾸러기가 되어갔다.

어느 날, 유치원에서 전화가 왔다. 노야가 유치원에서 퇴화행동을 보인다는 것이었다. 아이에 대한 이야기가 오가다보니 나도 모르게 그간 마음속에 쌓아두었던 고민을 털어놓았다.

나는 선생님에게 나름대로 좋은 엄마가 되기 위해 최선을 다했고 노야가 동생을 받아들이도록 만반의 준비를 했노라고 하소연했다. 실제로 나는 몸이 아무리 피곤해도 짬을 내서 놀아주었고 매일 안아주고 뽀뽀하며 사랑을 확인시켜줬다. 동생의 새 옷이나 기저귀를 꺼내오게 시킴으로서 언니라는 새로운 역할이 생겼음을 알려주었다. 육아지침서에 쓰여 있는 내용은 물론이고, 내가 고안해낸 방법 등 할 수 있는 것은 하나도 빼놓지 않고 시도했다. 그런데 어쩌다 이 지경에 이른 것일까? 나는 그야말로 쓰러지기 일보직전이었다.

나의 하소연이 끝났는데 전화기 반대편에서 아무런 반응이 없었다. 대략 3초가 흐른 뒤에야 선생님이 말문을 열었다.

"노야 어머니, 제가 보기에 어머니는 자신에게 너무 무거운 짐을 지우고 있는 것 같아요. 완벽한 엄마가 되려는 생각을 버리세요. 동생이 생긴 아이는 누구나 카인 콤플렉스를 경험한답니다. 이때 부모가 해야 할 일은 상황이 악화되지 않도록 도와주는 것이지 카인 콤플렉스를 완전히 없애는 것이 아닙니다. 만약 그런 기대를 하고 있다면 엄마와 아이 모두 힘들어질 뿐이에요."

동생에게 질투를 느끼는 큰아이

유치원 선생님은 나와 노야 사이에 어떤 문제가 있는지 확실히 알아보기 위해 초등학교에 다니는 아들을 데리고 우리 집에 방문했다. 그날 선생님은 저녁 시간 내내 나와 노야가 어떻게 대화하고 행동하는지를 관찰했다.

아이들은 거실에서 그림을 그리다가 곧 노야의 방에 가서 놀기로 했다. 이를 본 나는 딸애에게 우선 여기저기 흩어져 있는 크레파스부터 치우라고 말했다. 하지만 노느라 신이 난 노야는 내 말에 대꾸도 않고 오빠에게 보여줄 장난감을 찾으러 방으로 달려갔다. 기분이 언짢아진 나는 방으로 따라 들어가 거실부터 정리하라고 말했다. 아이는 여전히 말을 듣지 않다가 내가 소리를 높이자 입을 뾰루퉁하게 내밀며 마지못해 크레파스를 치웠다. 그 후의 상황도 별반 다르지 않았다. 나는 아기를 안은 채 줄곧 노야의 꽁무니를 따라다니며 잔소리를 해댔다.

어느덧 저녁 식사 시간이 되었다. 아이는 밥을 먹으면서 사방으로 음식을 흘렸다. 내가 그릇을 얼굴 바로 밑에 놓고 먹으라고 말하자 노야는 얼굴을 아예 그릇에 붙이고 밥도 먹지 않았다. 이런 딸을 보자 나는 화가 나서 얼굴을 붉혔다. 이렇게 우리 모녀는 식탁에서 냉전을 벌였다. 나중에 선생님이 노야에게 말을 걸며 주의를 다른 곳으로 돌린 뒤에야 저녁 식사를 겨우 마칠 수 있었다.

다음 날 선생님이 전화를 걸어왔다. 그녀는 우선 노야가 아기와 잘 지내는 점을 칭찬했다. 동생이 생긴 뒤에도 질투를 심하게 느끼지 않고 부모의 사랑을 빼앗겼다고 생각하지 않는 것은 중간에서 부모의 역할을 잘했기 때문이라고 말문을 열었다.

"그런데 말예요"라며 선생님이 화제를 돌렸다.

"노야가 투정을 부리는 것은 엄마의 관심을 받고 싶다는 표현이거든요. 다시 말하면 어머니가 노야와 보내는 시간이 부족하다는 거죠. 그리고 엄마가 두 아이를 키우느라 힘들어서 정서적으로 불안정하다는 것을 아이도 느끼고 있어요. 노야 어머니, 요즘 들어 자주 짜증 내고 조바심 내시죠? 이런 감정들이 노야에게 전해지면 마치 거울처럼 어머니에게 되비춰질 거예요."

그녀는 문제를 정확히 지적했다.

"우선 어머니가 너무 지쳐서 노야와 제대로 시간을 보내지 못한 거예요. 아이와 단둘이 시간을 보냈다고 해도 아이는 충분한 관심과 만족을 얻지 못한 거죠."

사실 그랬다. 매일 밤 딸에게 동화책을 읽어주지만 몸이 너무 피곤하다보니 어떤 때는 노야가 좀 더 이야기하고 싶어 하는 걸 알면서도 외면한 적이 많았다. 내 머릿속엔 책 읽기를 마치고 둘째에게 젖을 먹이러 갈 생각뿐이었다. 그래야만 나도 고단한 몸을 쉬게 할 수 있었다.

"둘째가 생긴 뒤 많은 엄마들이 저지르는 실수를 노야 어머니도 하셨어요. 큰애를 너무 엄하게 대한다는 거죠. 대부분의 부모는 둘째 아이가 생긴 뒤 첫째가 하루빨리 크기를 원합니다. 그래야만 둘째를 돌볼 힘이 생기거든요. 노야가 똑 부러지는 아이긴 하지만 아직 네 살이라는 점을 잊어서는 안 됩니다. 아직도 아이가 배우고 적응해야 할 일이 많아요. 그런데도 동생이 생긴 다음부터 어머니는 노야를 다 큰 아이로 대하고 알아서 정리하고 숙녀처럼 밥을 먹을 거라 기대하고 있어요. 부모님이 기대할수록 아이는 부담을 느낍니다. 그러니 노야 어머니, 우선 어머니의 몸과 마음을 돌아볼 여유를 찾으세요. 그런 뒤 노야와 함께 보내는 시간을 새롭게 짜보세요."

선생님의 말에 정신이 번쩍 든 나는 그날 저녁의 일들을 차근차근 되돌아보았다. 그리고 자신에게 물었다.

'둘째가 없었어도 고작 크레파스 때문에 쫓아다니며 잔소리를 했을까?'

'말을 좀 듣지 않는다고 그렇게 불같이 화를 낼 필요가 있었을까?'

내가 조바심 내고 화를 낸 원인이 딸에게 있다고 생각했는데 알고 보니 진짜 원인은 바로 나였다.

자매의 숙명, 카인 콤플렉스

문제의 근원을 알게 되니 해결 방법을 찾는 것이 한결 수월해졌다. 우선 하루 일과표를 새롭게 짜고, 남편과 이에 대해 진지하게 의논했다. 매일 잠자기 전 노야에게 동화책 읽어주는 것을 그만두고 대신 아이와 함께 목욕을 하기로 했다.

지금까지는 저녁 8시 반에 두 아이를 모두 욕실로 데리고 가서 씻겼다. 그때 나는 둘째를 씻기고 나서 젖을 먹여야 한다는 생각에 욕조에서 한창 신나게 놀고 있는 노야에게 어서 나오라고 재촉했다. 그리고는 아이의 몸을 말리고 잠옷으로 갈아입힌 뒤 서둘러 동화책을 읽어주는 것으로 저녁 시간을 마무리했다.

그런데 내가 큰애와 함께 목욕을 하면 우선, 아이들이 잠이 든 뒤 늦은 밤 겨우 목욕을 하던 문제가 해결된다. 그리고 노야와 함께 욕조에 앉아 이야기를 하며 장난도 칠 수 있는 여유를 누릴 수 있다. 그래서 그날부터 나는 노야와 함께 목욕하기로 했다. 내가 큰아이와 시간을 보내는 동안 남편이 둘째를 씻기고 옷을 갈아입혔다. 그 뒤 나와 교대해서 첫째를 방으로 데리고 가 잠자리를 정리해주고 동화책을 읽어주었다. 덕분에 나는 전보다 이른 시간에 둘째에게 젖을 먹일 수 있었고 아기가 잠이 들면 나 또한 일찍 쉴 수 있었다.

이 외에도 남편은 내가 컨디션이 좋지 않을 때 나의 짐을 덜어주었다.

"나한테는 든든한 어머니가 계시잖아."

이때부터 남편은 일주일에 이틀 정도 두 아이를 데리고 시댁으로 가 오후 시간을 보냈다. 그러면 나는 한두 시간의 '자유 시간'을 즐길 수 있었다. 이렇게 하루 일과표를 조정하고 나서부터 괜한 일로 딸에게 큰소리를 내지 않게 되었고 노야 또한 청개구리 같은 행동은 하지 않았다.

한 달 뒤, 유치원 선생님이 기쁜 소식을 알려왔다. 노야가 예전의 '모범생'으로 돌아왔다는 것이다. 나는 안도의 한숨을 내쉬었다.

"그런데 노야 어머니, 아직 다 끝난 게 아니랍니다" 하고 선생님이 주의를 줬다.

"나중에 둘째가 기어 다니며 노야의 장난감을 빼앗고 노야가 정성껏 그린 그림을 찢게 되면 두 번째 전쟁이 시작될 거예요. 아기가 모르고 한 일이니 보통 부모들은 동생을 혼내지 않지요. 그러면 큰애는 부모가 동생 편만 든다고 생각하게 돼요. 이때 조심하지 않으면 카인 콤플렉스가 다시 찾아온답니다."

이럴 수가! 카인 콤플렉스란 한 판의 대결로 끝나는 것이 아니라 평생에 걸쳐 싸워야 할 숙적이었던 것이다. 이 장기전에서 승리하려면 인내심과 의지가 필요했다.

기부는 일부의 특권이 아니다, 체다카

미국에서 유대인은 전체 2%만 차지할 뿐이다. 그런데 미국 내 기부금 중에서 차지하는 비율은 45% 가량이나 된다. 이는 단순히 유대인들 중 부자가 많기에 그렇다는 식으로 설명하기엔 부족하다. 유대인 부자들은 부자가 되었기 때문에 기부하는 것이 아니다. 부자가 되기 전부터 늘 해오던 대로 하는 것일 뿐이다. 유대인은 보통 어린 시절부터 체다카(Tzedakah)라 불리는 저금통을 마련해 놓고 수시로 기부할 돈을 모은다. 이렇게 습관화된 기부행위는 어른이 되어도 여전하다. 그들의 기부 문화는 단지 사회적으로 불쌍한 사람들을 돕는다는 상식을 뛰어넘는다. 잃는 게 없다면 얻는 것도 없다는 경제 철학이 뒷받침돼 있다. 이는 유대인이 생각하는 모든 상거래의 기본이다.

그러나 이런 식으로만 해석하기엔 무리가 있다. 히브리어 성경에 언급되는 체다카는 정의와 관대함 등의 의미가 복합된 단어다. 다시 말해 다소 차가운 느낌의 정의와 뜨거운 동정심이 합쳐진 독특한 말이다. 유대인들의 생활 습관인 체다카는 때문에 인간이라면 지켜야 할 신성한 정의라고 해석될 수도 있다.

종교적인 의미에서도 세속적인 면에서도 기부 활동은 그들에게 중요한 의미를 지닌 셈이다.

언젠가 추억이 될
아이의 현재

나는 스스로 아이를 잘 돌보는 엄마, 자상한 엄마라고 줄곧 자부해왔다. 그런데 후한 평가와는 달리 현실 속의 나는 '어른 위주'의 사고방식에서 벗어나지 못하고 있었다. 어른에게는 식구들 끼니 챙기기, 예정된 시간에 출발하는 것이 중요한 일이다. 하지만 아이에게는 세상 무엇보다 해변의 조개껍데기가 중요하다. 자신의 걸음을 늦추고 아이의 눈으로 세계를 보지 못한다면 아이가 느끼는 것, 원하는 것은 영원히 알지 못할 것이다.

신년 명절[유대인의 설날은 로쉬 하샤나(Rosh Hashanah)라고 하며 태양력의 9~10월에 해당한다. - 역자주]을 맞아 우리 가족은 남편 친구의 고향인 아슈켈론(Ashqelon)에서 연휴를 보내기로 했다. 남편 친구가 동행을 했고 남편이 운전을 했다. 아슈켈론은 지중해에 인접한 작은 마을로 희고 고운 모래로 덮인 해변이 무척 아름다운 곳이다.

10월의 이스라엘은 무척 화창했다. 우리는 두 아이를 데리고 친구의 부모님 댁에서 느긋하게 휴가를 보냈다. 그중 바닷가에서 즐기는 물놀이는 단연코 가장 즐거운 시간이었다.

눈부신 백사장이 끝없이 펼쳐져 있었고, 푸른 하늘과 바다의 수평선이 만나 그 경계를 구분하기 어려울 정도였다. 첫날 우리는 바닷가에서 놀다가 저녁놀이 붉게 물든 후에야 아쉬움을 뒤로 하고 해변을 나섰다. 숙소로 돌아오는 내내 노야는 다음 날 집으로 출발하기 전에 다시 해변에 와서 조개껍데기를 줍자고 졸랐다.

솔직히 말하자면 나는 이곳의 조개껍데기가 그렇게 예쁘다고 생각하지 않았다. 노야와 해변에서 주운 조개껍데기 대부분이 조개탕에 들어 있는 그것과 비슷한 모양이었고 다른 게 있다면 연한 주홍빛이 돌았다는 것뿐이었다. 대만의 해변에서 흔히 볼 수 있는 나선형, 다각형, 모자 모양의 조개껍데기를 여기서는 찾아볼 수 없었다. 하지만 사막에서 태어나고 자란 딸에게 바닷가의 조개껍데기는 신기하고 소중한 보물이었다.

다음 날 아침. 집으로 출발하기 전 노야의 소원대로 해변으로 갔다. 가져간 봉지에 조개껍데기가 가득 찼을 때 해는 이미 중천에 떠 있었고 우리가 예상한 시간이 훨씬 지나있었다. 배가 고파진 둘째가 칭얼거리기 시작했다. 노야는 봉지에 가득 담은 조개껍데기를 보자 별다른 불평 없이 우리를 따라 나섰다.

부부의 의견이 다를 때

해변에서 묻혀온 모래를 털어내고 샤워를 끝낸 뒤 우리는 짐을 챙겼다. 그리고 아래층으로 내려가서 남편 친구 부모님과 작별 인사를 나눴다.

바로 그때, 노야가 해변에서 가져온 조개껍데기 봉지가 보이지 않는다며 울음을 터뜨렸다. 눈에서는 굵은 눈물이 뚝뚝 떨어지고 입으로는 계속해서 '조개껍데기'를 외쳤다. 나와 남편은 문제의 봉지를 찾기 위해 우리가 묵었던 방으로 다시 올라갔고 다른 사람들도 집 안팎을 샅샅이 살펴보았다. 심지어 쓰레기통까지 뒤졌지만 어찌된 영문인지 잃어버린 봉지는 나타나지 않았다.

남편과 함께 거실로 돌아온 아이는 여전히 눈물을 흘리고 있어서 보는 사람의 마음을 아프게 했다. 다들 노야를 위로했지만 아무 소용이 없었다.

그이가 고개를 들어 나를 바라보았는데 마치 이 상황을 어떻게 해결하면 좋겠냐고 묻는 듯했다.

그때가 오후 1시였다. 둘째는 매일 12시에 점심을 먹고 1시가 되면 낮잠을 잤다. 나는 우선 급한 대로 과자를 먹였다. 하지만 배고픔에 피곤함까지 겹쳐 작은아이의 기분은 영 엉망이었다. 이곳에서 집까지 가려면 자동차로 대여섯 시간이 걸린다. 게다가 가는 도중에 잠깐이라도 쉬어야 하기 때문에 해가 지기 전에 집에 도착하는 것은 아무래도 무리였다.

남편은 한 쪽 눈의 시력이 매우 약해서 평소에는 문제가 없지만 어두운 길을 운전할 때는 다소 애를 먹었다. 나는 마음속으로 최악의 상황이 일어나지 않기를 간절히 바랐다.

만약 남편이 물었다면 나의 대답은 이랬을 것이다.

"그냥 울게 놔둬. 지금은 집으로 서둘러 돌아가는 게 급하잖아."

아이들의 기분은 시간이 지나면 풀어지기 마련이다. 어쩌면 노야는 얼마 지나지 않아 조개껍데기에 대해서 까맣게 잊을지도 모른다. 그런데 어른들이 이런 일에 굳이 매달릴 필요가 있을까? 그리고 이런 것이 바로 인생이 아니겠는가? 살다보면 어쩔 수 없이 포기해야 하는 일이 많다는 사실을 아이가 이번 기회에 배우는 것도 나쁘지 않아보였다. 나와 남편이 조개껍데기 봉지를 제대로 간수하지 못했다고 노야를 야단치지 않은 것만으로도 다행이지 않은가?

내가 이런 생각을 말하기도 전에 노야 아빠는 결심을 굳힌 듯 고개를 낮춰 딸에게 말했다.

"아빠랑 다시 해변으로 가서 조개껍데기를 주워오자!"

이 말을 듣자 노야는 바로 울음을 그치고 환한 미소를 지었다. 남편이 이미 아이와 약속을 한 뒤라 나는 아무 말도 하지 않았다. 우리는 친구 부모님께 인사를 하고 해변으로 가기 위해 서둘러 차에 올랐다. 막 출발하려고 하는데 남편 친구의 어머니가 우리를 불러 세우시며 플라스틱 상자를 노야에게 건네주셨다. 이번에는 조개껍데기를 절대 잃어버리지 말라는 당부도 잊지 않으셨다.

차가 출발한 뒤 남편은 뭔가 생각이라도 난 듯 나를 향해 고개를 돌리며 물었다.

"여보, 내가 이러는 게 아이 버릇을 망치는 걸까? 우리한테 시간이 없다는 건 알지만 일주일 동안 즐겁게 보낸 여행을 안 좋은 기억으로 마무리하기 싫었어."

나는 둘째에게 아침에 먹다 남은 식빵을 먹이면서 그에게 불평했다.

"노야랑 약속하기 전에 나와 상의를 했어야지. 애하고 이미 약속해놓고 이제 와서 잘했나 못했나 물어보는 이유가 뭐야!"

나와 남편은 부모가 아이에게 두 가지 상반된 결정을 알려서는 안 된다고 생각해왔다. 부부가 어떤 일을 두고 의견이 다르다면 상의를 한 뒤 내린 결정을 아이에게 말해주어야 한다. 만약 어느 한 쪽이 아이와 약속을 했다면 심각한 일이 아닌 이상 약속을 번복해서는 안 된다. 그렇게 해야만 아이가 부모의 의견이 다른 틈을 이용해서 자기 뜻을 고집하지 않게 되고 부모의 말을 신뢰하게 된다.

"어차피 운전하는 사람은 당신이잖아. 노야 기분 맞춰주느라 어두운 산길을 운전하겠다니…. 나는 불만 없어. 기껏해야 끼니때를 놓쳐 배가 고프기밖에 더하겠어?

이렇게 말하면서 나는 곁눈으로 플라스틱 상자를 끌어안고 있는 노야를 보았다. 아무리 봐도 유대인은 아이의 응석을 지나치게 받아주는 것 같았다. 과연 그렇게 하는 것이 좋은지 나쁜지 판단이 서지 않았다.

해변에 도착하자 남편은 차를 세운 뒤 아이에게 주의를 주었다.

"이제 아빠가 노야를 안고 나갈 거야. 해변에 가면 재빨리 조개껍데기를 줍고 돌아와야 돼. 물놀이나 다른 거는 안 하는 거다. 다들 배가 고파서 점심을 먹어야 하거든. 그리고 집까지 가려면 시간이 아주 오래 걸려서 그래."

평소에 제 발로 걷겠다고 고집 부리던 노야가 웬일로 얌전하게 아빠 품에 몸을 기댔다. 밖으로 나간 두 부녀는 금세 주차장 한 쪽 모퉁이를 돌아 해변 방향으로 사라졌다.

20분이 흐른 뒤 노야를 안고 남편이 돌아왔다. 아이는 얼굴에 환한 웃음을 띠며 상자 가득 담긴 조개껍데기를 자랑스럽게 들어보였다.

"엄마, 나랑 아빠랑 해변에 있는 조개껍데기 전부 주워 왔어. 하나도 남기지 않고 다."

노야는 무척 신이 나 있었다.

아버지처럼 살기 싫었던 남편

집으로 돌아가는 길 내내 나는 노야를 유심히 지켜보았다. 딸은 자리에 얌전히 앉아 조개껍데기를 만지작거리다가 자세히 들여다보기를 반복하며 나에게 조개껍데기에 대해 재잘재잘 설명했다. 잠이 들었을 때도 플라스틱 상자를 품에 꼭 끌어안고 있었다. 잃었다가 다시 얻은 기쁨은 이제 곧 만 네 살이 되는 딸아이의 기분을 들뜨게도 했지만 조심스러움과 소중함이 무엇인지 깨닫게 해주었다.

잠이 든 노야의 얼굴에는 여전히 미소가 퍼져 있었다. 그 평온한 얼굴을 보며 남편에게 말했다.

"당신 결정이 맞는 것 같아. 조개껍데기를 주우러 해변으로 돌아가길 잘했어. 그건 아이를 응석받이로 만드는 게 아니라 아이의 마음을 헤아려주는 배려야. 적어도 가는 길 내내 울며 보채는 아이 달래느라 애를 먹지는 않았잖아."

그때 문득 노야가 마음이 상하면 한참 동안 운다는 사실이 떠올랐다. 그토록 아끼던 조개껍데기를 잃어버렸으니 이 일을 오랫동안 기억할 것이고 그렇게 되면 아이의 마음은 그만큼 더 아플 것이다.

그런 생각이 들자 마음속에서 부끄러움이 밀려왔다.

'나는 왜 해변으로 가서 다시 조개껍데기 주울 생각을 못 했던 걸까?'

'내가 혹시 아이의 기분을 가볍게 여긴 걸까?'

'어른 위주의 사고에 길들여져서 그런 것일까?'

'둘째 챙기느라 노야가 흘리는 눈물에 무덤덤해진 걸까?'

'어린 아이가 제 물건을 챙기지 못하는 건 지극히 정상적인 일이지 않은가.'

'어쩌다 나는 아이가 울다가도 시간이 지나면 그 일을 잊을 것이라고 생각한 걸까?'

'예약된 비행기를 타러 가는 것도 아니었는데 왜 아이를 위해 잠깐의 시간을 할애할 생각을 못 했던 걸까?'

"난 지금도 어렸을 때의 일들, 상처 받았던 일들을 기억해."

칠흑같이 어두운 산길을 운전하며 남편이 내게 말했다.

"우리 아버지에게 자식과 아내를 위해 먼 길을 돌아간다거나 시간을 지체한다는 것은 상상할 수 없는 일이었어. 그렇다보니 아쉽고 속상했던 가족 여행이 몇 번 있었지. 호텔에 곰 인형이나 여행지에서 샀던 엽서를 두고 온 적도 있었어. 그때의 여행을 떠올리면 집으로 돌아오면서 느꼈던 아쉬움 때문에 여행의 즐거움마저도 씁쓸하게 퇴색되고 말아. 난 우리 아버지처럼 되고 싶지 않았어."

20분으로 영원한 추억을 얻다

우리는 저녁 7시 반이 지나서야 집에 도착했다. 남편은 나와 아이들을 먼저 내려주고 다시 친구의 집을 향해 차를 몰았다. 나는 집으로 들어가자마자 노야에게 마야를 맡기고 저녁 식사를 준비했다.

첫째는 고개를 끄덕이더니 동생을 데리고 자기 방으로 들어갔다. 저녁으로 간단히 물만두를 끓인 뒤 노야의 방에 가보니 방 안에는 두 자매가 나란히 의자에 앉아 있었다. 큰애는 그림을 그리고 있었고 작은애는 크레파스를 가지고 놀고 있었다. 예상치 못한 이 광경에 나는 깜짝 놀랐다. 그도 그럴 것이 노야는 거의 반년이 넘게 크레파스에 손을 대지 않았다. 어쩌다 크레파스를 집어도 아무렇게나 선만 몇 개 그리다 말았다. 그런 아이가 15분도 안 되는 시간에 여러 장의 그림을 그린 것이다.

"해변에는 조개껍데기가 아주 아주 많아요."

노야는 내게 바다와 여러 개의 동그라미가 그려진 첫 번째 그림을 보여주며 설명했다.

"나랑 아빠는 바다에 들어가서 물놀이를 했어요."

두 번째 그림에는 어른 한 명, 어린아이 한 명이 그려져 있었다.

"엄마하고 아기는 해변에서 놀았어요. 아기는 아직 어려서 물놀이를 못하기 때문이에요."

세 번째 그림에는 한 어른이 아기를 안고 있었다.

"우리는 조개껍데기를 아주 많이 주웠어요. 조개껍데기가 정말 예뻐요."

이렇게 해서 노야는 한 편의 이야기를 완성했다.

갑자기 유치원 선생님의 모습이 떠올랐다. 그녀는 평소에 여러 장의 그림을 보여주며 아이들에게 이야기를 들려주곤 했다. 노야도 선생님처럼 유치원 친구들에게 그림을 보여주며 해변에서의 추억을 들려주고 싶었던 것이 분명했다. 아이가 그린 그림들을 보자 나의 가슴은 감동으로 벅차올랐고 눈시울이 뜨거워졌다.

감동과 기쁨이 창작의 근원이라는 말을 이제야 알 것 같았다. 그동안 나와 남편은 노야가 그렇게 좋아하던 그림 그리기를 어느 때부터 멀리한다는 사실을 두고 걱정을 많이 했었다. 알고 보니 그동안 딸에게 다른 사람한테 들려주고 싶은 특별한 이야기가 없었던 것이다.

"엄마, 왜 고개를 숙이고 있어?"

내가 아무런 말이 없자 노야가 물었다.

"아니야, 아무것도. 우리 노야 그림 정말 잘 그리네. 엄마는 네가 다시 그림을 그려서 아주 기뻐."

나는 머릿속에 가득 찬 생각을 떨쳐버리려는 듯 고개를 흔들었다.

"우리 어서 저녁 먹자. 엄마가 노야 좋아하는 물만두 끓였어."

다음 날 노야는 조개껍데기가 가득 담긴 상자와 전날 밤에 그린 그림을 들고 유치원에 갔다. 눈치 빠른 유치원 선생님은 노야가 무얼 원하는지 한눈에 알아챘다.

"노야야, 아침 발표 시간에 해변에 다녀온 이야기를 들려주겠니? 노야가 그린 그림과 가져온 선물도 친구들에게 보여주면 좋겠다."

선생님의 제안에 딸아이는 신이 나서 있는 힘껏 고개를 끄덕였다.

이렇게 해서 노야는 친구들 앞에서 조개껍데기와 그것이 가져다 준 감동에 관한 이야기를 했다. 딸의 이야기는 다른 사람의 이야기가 아니라 자신이 직접 겪은 가장 소중한 추억이며 친구들에게 들려주고 싶은 것이었다. 시간이 흐른 뒤에도 아슈켈론 해변의 조개껍데기는 노야의 어린 시절에서 아름다운 추억으로 기억될 것이다.

이 모든 것이 남편이 딸과 함께 해변에서 보낸 20분의 시간 덕분이었다.

아기는 몸이 아파 울고,
엄마는 마음이 아파 울고

출산 후 많은 사람들이 나에게 감염의 위험이 있으니 가능한 한 아기를

데리고 외출하지 말라고 충고했다.

"갓난아기가 병이 나면 아기는 몸이 아파 울고, 엄마는 마음이 아파 울지."

지인들 모두 이구동성으로 이렇게 말했다.

노야가 태어난 지 3개월 동안 나는 출산 휴가를 내고 대부분의 시간을 아기와 집에서 보냈다. 당시 이스라엘 남부 지역에서 유행성 독감이 급속도로 퍼졌는데 다행히도 독감은 우리 아이를 피해갔다.

출산 휴가가 끝나고 다시 출근을 해야 했다. 나는 당시 일하던 유치원의 영아반에 노야를 맡겼다. 영아반은 내가 일하는 교실에서 걸어서 2분이면 닿는 거리에 있었고 11명의 아이를 다섯 명의 선생님이 돌보고 있었다. 하지만 혹시라도 다른 아이에게서 독감이 옮으면 어쩌나 하는 걱정을 떨칠 수 없었다.

그런데 결국 올 것이 오고 말았다. 봄에서 여름으로 계절이 바뀌면서 유행성 감기가 기승을 부렸고, 이제 막 4개월 반이 지난 노야도 '유행'을 타고 말았다.

해열제를 먹여야 하나, 말아야 하나?

저녁 무렵에 노야의 몸에 열이 나서 체온을 재보니 38.5도였다. 조금 높기는 해도 그렇게 심한 편은 아니었다. 주변 사람들은 갓난아기가 열이 나면 40도까지 오를 수 있으니 마음의 준비를 단단히 하라고 귀띔을 해주었다. 아기는 심하게 울지 않았고 젖도 잘 먹었다. 다만 얼굴이 붉게 달아올라서 마치 햇빛을 오래 쬔 것처럼 보였다.

대만에서는 아이가 아프면 바로 택시를 타고 병원으로 간다. 그런데 이스라엘은 달랐다. 이곳 사람들은 아기가 열이 나면 최소한 24시간이 지난 뒤(72시간 후를 권장한다) 가정의학과에 가서 진찰을 받는다. 가정의학과는 야간진료가 없기 때문에 집집마다 해열제를 구비해놓고 있다. 노야를 낳고 집으로 돌아왔을 때 시어머니가 신생아용 해열제를 준비해주셨다. 아기에게 언제 해열제를 먹여야 되는지에 대해 나는 시어머니, 동서 그리고 유치원 선생님에게 몇 번이나 얘기를 들었다.

그 내용을 정리하자면, 열이 나는 것은 '징후'일 뿐 그 자체가 병이 아니다. 따라서 체온이 올라가는 것이 때로는 세균이나 바이러스를 없애는 데 도움이 되며 열이 날 때마다 해열제를 먹이는 것은 그다지 몸에 좋지 않다.

"아기가 잘 놀고 잘 먹고 잘 자면 아무리 열이 38도까지 올라가도 나는 해열제를 먹이지 않아요. 하지만 39도가 넘으면 경련을 일으킬 위험이 있으니 그땐 해열제를 먹이죠."

큰동서는 내게 경험담을 들려주었다. 그리고 이렇게 덧붙였다.

"아기에게 해열제를 먹일지는 상황을 보고 판단해야 돼요. 어떤 부모는 애가 조금만 열이 나도 바로 해열제를 먹이더군요."

열이 39도까지 오르진 않았지만 그래도 걱정이 된 나는 해열제를 먹였다. 약을 먹고 나니 열이 내렸고 밤새 잠도 잘 잤다. 다음 날 아침 체온을 재니 37.7도였다. 열이 있기는 해도 그리 높지 않아서 우선 유치원에 데리고 가 영아반 선생님에게 상황을 설명했다.

10시 쯤, 영아반에서 전화가 왔다. 선생님은 노야의 체온이 여전히 37.7도이기는 한데 계속 보채고 운다고 알려줬다. 그리고 노야에게 해열제 먹이길 원하는지 내 의견을 물었다. 나는 선생님에게 몇 가지 궁금한 점을 물은 뒤 약을 먹이기로 했다.

아픈 딸이 걱정이 되어 일하는 내내 마음이 무거웠다. 내가 일하는 유치원의 원장님은 무척 세심한 분이라 노야가 처음으로 병이 낫다는 사실까지 알고 계셨다. 그는 내가 초보 엄마라는 점을 감안해서 아이를 보고 오라며 30분의 휴식 시간을 주셨다. 영아반에 도착하니 노야는 곤히 자고 있었다. 그런데 뜻밖에도 그 방에 에어컨이 켜져 있고 딸아이는 바지가 벗겨진 채 얇은 이불만 덮고 있었다. 그 순간 나는 가슴이 철렁 내려앉았고 속에서 화가 치밀어 올랐다.

열이 나는 아기에게 찬바람을 맞게 한다?

나의 어린 시절을 돌이켜 보면, 아이가 열이 나면 어른들은 아이의 몸을 이불로 꽁꽁 싸매고 이마에 얼음주머니나 찬물에 적신 수건을 올려주었다. 방 안에 선풍기를 돌린다는 것은 상상할 수 없는 일이었다. 어떻게 감기가 든 아이에게 찬바람을 쐬게 한단 말인가? 이불 뒤집어쓰고 흠뻑 땀을 내야 열이 떨어지는 것 아닌가? 나는 그저 답답할 뿐이었다.

그런데 이스라엘 사람들은 내가 알고 있는 상식과 정반대로 아이에게 찬바람을 쐬게 하고 그것도 모자라 옷까지 벗겼으니 보고 있는 내가 한기가 느껴질 지경이었다.

나는 억지로 1부터 10까지 헤아리며 부글부글 끓어오르는 화를 억눌렀다. 그렇게 마음을 추스르고 나니 어느 책에서 읽었던 '정확한 해열 방법'이 떠올랐다.

1. 미지근한 물로 온몸을 닦거나 따뜻한 물에 몸을 담그면 혈관이 확장되면서 체온이 내려간다.
2. 실온의 끓인 물을 자주 마시면 혈액순환과 신진대사에 도움이 된다.
3. 에어컨이나 선풍기를 틀어서 주변의 온도를 낮춘다.
4. 불필요한 옷을 벗겨서 체온을 낮춘다.

'맞아. 이렇게 하는 게 맞는 거였구나. 선생님이 제대로 하신 거였어'라고 혼잣말을 하며 놀란 가슴을 진정시켰다. 처음 책에서 이 방법을 읽었을 때 그전까지 알고 있던 상식과 너무 달라서 남편과 한참동안 이야기를 했었다. 이 새로운 방법이 머리로는 이해가 되지만 어찌된 일인지 내키지 않는다. 머리로 아는 것을 행동으로 옮기기란 정말 쉽지 않다.

다행히도 그날 노야의 열은 다시 오르지 않았다. 저녁에 집으로 돌아왔을 때 예전처럼 해맑게 웃는 딸의 얼굴을 보자 온종일 불안하던 마음을 내려놓을 수 있었다. 하지만 평온한 날은 오래가지 못했다. 며칠 후 노야는 다시 열이 올랐는데 이번에는 상태가 심각했다.

4시간마다 한 번씩 해열제를 먹였지만 시간이 지나 약효가 떨어지면 아이의 체온은 여지없이 올라갔다. 잠에 취해 있던 노야는 끓어오르는 열 때문에 깨어나 울음을 터뜨렸다. 평소 잘 울지 않던 아이가 아파서 울음을 터뜨리니 누가 나의 심장을 움켜쥐고 있는 것처럼 아팠다. 누워 있는 아이를 들어 올려 안아주니 노야는 그때부터 한시도 내 품에서 떨어지려 하지 않았다.

제발 아기를 병원에 데려가 줘!

발열 첫날, 하루를 이렇게 보냈다.

저녁 10시, 약 기운이 떨어졌을 시간이었는데도 노야는 깊이 잠들어 있었다. 평소 아이는 저녁 9~10시면 잠이 들었다. '이제 좀 열이 떨어졌겠지' 하고 종일 아이를 안고 있느라 지친 나는 이렇게 생각했다.

그래도 혹시나 하는 마음에 다시 체온을 재보기로 했다. 집에 준비해 놓은 체온계는 귀에 꽂아 쓰는 것이라 노야를 깨우지 않고도 잴 수 있었다. 체온계를 노야 귀에 대고 몇 초가 지나자 '삐-' 하는 신호음이 났다.

'어머나, 내가 잘못 봤나?'

눈을 비비고 다시 봐도 화면 속 숫자는 39.6이었다. 갑자기 두 눈이 뜨거워지면서 눈물이 쏟아질 것만 같았다. 나는 잠든 아이를 안아 올리고 다시 해열제를 먹였다. 그리고 딸을 안고 남편에게 달려갔다.

"여보, 지금 당장 노야 데리고 병원 가자. 응급실 가야 돼!"

나는 남편에게 울먹이며 말했다. 마치 옛날이야기에서 가난한 여인이 병든 아이를 품에 안고 부잣집 대감에게 아이를 구해달라고 울며불며 사정하는 것 같았다.

"열이 난 지 24시간도 안 됐는 걸."

나의 절박한 심정도 몰라주고 남편은 담담하게 대답했다. 그러고는 자고 있는 노야를 받아서 침대에 도로 눕혔다.

남편이 거실로 돌아왔을 때 내 눈에서는 이미 눈물이 흐르고 있었다. 나는 다시 한 번 그에게 사정했다.

"여보, 부탁이야. 우리 지금이라도 병원에 가자."

"무슨 일이야? 당신 울어? 이제 막 열이 난 것뿐인데 무슨 걱정을 그렇게 해?"

눈물로 얼룩진 내 얼굴을 본 남편은 어리둥절한 표정으로 물었다.

나는 쏟아지는 눈물을 가까스로 참으며 그에게 설명했다. 대만에서는 갓난아기가 열이 나면 무조건 병원으로 가서 진찰을 받는다고 말이다. 하지만 이곳 이스라엘에서는 만나는 사람 모두 내게 기다리라고만 하니 정말 미칠 것 같았다.

"열이 나는 게 여러 가지 질병의 초기 증상이라는 사실 당신도 알잖아, 그렇지?"

남편은 나를 소파에 앉힌 뒤 차근차근 설명했다.

"그런데 너무 일찍 진찰을 받으러 가면 의사가 검사를 해도 제대로 된 결과가 나오지 않아. 기껏해야 시간 맞춰서 해열제 먹이라는 말이 전부라고. 그래서 보통 72시간이 지나야 진찰을 받는 거야."

"노야가 내일도 계속 열이 나면 그때 병원에 데리고 가는 게 어때?"

원망에 찬 내 얼굴을 보더니 남편도 마지못해 타협안을 내놓았다.

덤덤한 의사와 애타는 엄마

이튿날 노야의 열은 떨어질 기미를 보이지 않았다. 나는 해열제를 먹인 뒤 아이를 데리고 병원에 갔다. 의사는 눈, 귀, 목을 검사하고 심장박동을 듣더니 아무 이상이 없다고 진단했다.

"그런데 또 열이 오르면 어떻게 하나요?" 하고 나는 걱정스레 물었다.

"그때는 해열제를 먹이세요."

의사는 덤덤하게 대답했다. '내가 뭐라고 했어!'라고 말하는 듯한 남편의 따가운 눈초리가 멀리서도 느껴졌다.

"하지만 어제 온종일 열이 났는 걸요?"

나는 볼멘소리로 의사에게 물었다. 아마도 나의 굳은 표정 때문이었는지 그가 선뜻 검사를 제안했다.

"그럼 소변 검사를 해보죠. 바이러스 감염인지 소변 검사로 알 수 있어요."

의사가 검사를 해준다는 말에 나는 안도의 숨을 내쉬었다. 곧 간호사가 소변 채취용 비닐백을 주었다. 비닐백 입구는 말발굽 모양이었고 그 위에 접착테이프가 있었다. 우리는 노야의 기저귀를 벗기고 요도 근처 피부에 비닐백을 붙인 뒤 소변이 나오기를 기다렸다.

시간이 흘러 병원이 문을 닫는 7시가 넘도록 소변은 나오지 않았다. 우리는 어쩔 수 없이 집으로 가기 위해 소지품을 챙겼다. 밤에 노야의 소변을 받아 다음 날 다시 오기로 했다.

집으로 돌아온 뒤 피곤에 지친 우리 부부는 노야 엉덩이에 붙인 비닐백을 까맣게 잊었다. 잠이 든 아기를 침대에 눕히고 우리도 곧바로 잠자리에 들었다. 2시간이 지난 뒤 몸에 열이 오르자 잠이 깬 노야가 울기 시작했다. 나는 울음소리에 놀라서 졸린 눈을 비비며 아기 방으로 갔다. 노야를 침대에서 안아 올리는데 어찌된 일인지 옷은 물론이고 이불, 침대 시트까지 모두 축축하게 젖어 있었다. 비닐백이 흘러서 그동안 노야는 소변에 흥건히 젖은 채 자고 있던 것이다.

"노야 아빠, 이리 좀 와서 도와줘!"

이때부터 우리 부부는 분주하게 노야의 옷을 벗겨 목욕시키고 침구세트 전체를 새것으로 갈았다. 그리고 아이에게 비닐백을 다시 붙여주고 약을 먹인 뒤 마지막으로 젖을 먹였다.

한바탕 난리를 치른 뒤 나와 남편은 바짝 긴장한 채 노야가 소변 보기를 기다렸다. 20분이 지난 뒤 노야를 안고 있던 남편이 나를 불렀다.

"여보, 노야가 오줌을 싼 것 같아. 애를 안고 있는데 엉덩이가 뜨뜻해."

나는 얼른 확인해봤다. 비닐백 안에 정말 황금색의 액체가 고여 있었다.

"우와! 노야가 드디어 오줌을 쌌네!"

남편과 나는 환호성을 지르며 노야 얼굴에 연신 뽀뽀를 퍼부었다. 딸의 오줌을 보며 이렇게 흥분한 적은 이번이 처음이었다.

열이 나도 72시간을 버텨라

소변 검사 결과, 모든 게 정상이었고 감염 증상도 없었다. 그런데도 노야의 열은 떨어질 줄 몰랐다. 조바심이 난 나는 남편의 군소리에도 아랑곳하지 않고 다시 의사를 찾아갔다.

눈동자와 목 안을 보고, 심장박동까지 확인한 결과는 정상, 정상, 정상이었다. 그런데 나의 딸은 아직도 몸이 불덩어리였다.

의사가 말했다.

"열이 난 지 사흘째라고요? 그럼 내일 아침에도 열이 나면 그때는 피검사를 해보죠."

나는 고개를 끄덕였다. 어차피 검사를 시작했으니 끝까지 가보기로 했다.

다음 날 아침, 노야는 여전히 열이 끓었다.

노야를 데리고 병원에 가니 간호사가 채혈을 한다며 주사기를 준비하고 있었다. 갓난아기는 어떻게 채혈을 할까? 정답은 손가락에서 피를 뽑는 것이다.

간호사가 주삿바늘로 찌르자 딸아이는 비명을 질렀다. 그런데 야속하게도 피는 나오지 않았다.

"손가락이 너무 작아서 그런가?"

간호사도 당황해서 혼잣말을 하더니 다시 주사기를 들었다. 이번에는 노야도 짜증이 났는지 앙앙 울기 시작했다. 나와 남편은 우는 아이를 달래느라 정신이 없었다. 채혈을 시작한 지 30분이 지나서야 겨우 검사에 필요한 피를 뽑았다. 30분 내내 울었던 딸아이는 손가락 끝에서 느껴지는 아픔 때문에 채혈이 끝난 뒤에도 한참을 울었다. 병원을 나서려는데 간호사가 노야를 보고는 인사하러 다가왔다. 아이는 원망스런 눈으로 그녀를 매섭게 쏘아보았다.

"그러지 마, 그런 눈으로 보지 말아줘."

간호사는 노야에게 사정했다.

"괜찮아요. 다음에 올 때 사탕 하나 쥐어주세요. 그럼 환하게 웃어줄 거예요."

노야 아빠는 아침부터 채혈하느라 애 먹은 간호사를 위로해줬다.

피검사 결과 모두 정상으로 나왔다. 단지 노야가 바이러스에 감염되었다는 사실을 확인시켜주었을 뿐이다. 그런데 따로 처방할 약이 없기 때문에 몸이 원상태로 회복되기를 기다려야 했다. 희한한 것이 우리 딸은 피를 뽑고 난 뒤부터 다시는 열이 나지 않았다. 노야는 다음 날 먹고, 마시고, 싸고, 자고, 노는 모든 것이 정상으로 되돌아왔다.

"피검사하기 싫어서 건강한 몸으로 돌아올 결심을 한 거로구나."

나는 품에 안긴 노야를 보며 놀렸다.

"무슨 소리야, 72시간이 지난 뒤부터 좋아진 건데. 당신 때문에 애한테 별의별 검사를 다 시켜서 괜히 애만 눈물 콧물 다 뺐잖아."

옆에 있던 남편이 불평을 했다. 나는 노야를 꼭 끌어안으며 마음속으로 이렇게 다짐했다.

'다음엔 엄마가 더 강해질게. 약속해. 그게 말처럼 쉬운 게 아니지만 말이야!'

우리 집엔
비명 괴물이 살아요

자녀를 가리켜 하늘이 내려주신 선물이라고 한다. 그런데 자녀와 부모가 항상 잘 지내는 것은 아니다. 친구 관계에서 성격이 맞지 않는 사람은 멀리하면 그만이다. 하지만 자녀의 기질이 자신과 맞지 않는다고, 부모가 되어 자녀와 거리를 둘 수는 없는 노릇이다. 만약 이런 상황이 닥친다면 당신은 어떻게 하겠는가? 특히 자녀의 성격이 자신과 상극이라면 말이다.

유대인의 안식일은 금요일 저녁부터 토요일 저녁까지다. 유대교를 믿는 사람들은 이날 일하지 않고 등이나 불을 켜지 않으며 기계를 작동시키지 않는다. 세속적인 유대인은 금요일 저녁에 가족과 함께 시간을 보낸다.

남편에게는 세 명의 남자 형제가 있다. 큰형과 둘째인 남편이 부모님 댁 근처인 이스라엘 남부에 산다. 두 시동생은 북부에 살기 때문에 명절이나 긴 휴가 때라야 부모님을 뵈러 고향으로 내려온다. 그래서 우리와 큰형님 댁 두 가족은 매주 금요일 저녁이면 부모님 댁으로 모인다.

밤의 여왕 아리아

여느 때와 다름없는 금요일 저녁의 일이었다.

막 7개월이 지난 노야는 예쁘게 차려 입고 천사 같은 미소를 지으며 온 가족의 마음을 사로잡았다. 큰동서가 노야를 품에 안자 어린 조카 셋이 모여들었다. 다들 마법에 홀린 것처럼 쉴 새 없이 '까꿍, 까꿍' 소리를 내며 우리 노야가 눈을 맞춰주고 까르륵 웃어주기를 기다렸다.

정작 엄마인 나는 피곤한 일주일을 보낸 뒤라 아이는 다른 식구들에게 맡긴 채 오랜만에 느긋한 시간을 보내고 있었다. 출산 후 새로운 생활에 익숙하지 않다보니 늘 정신없이 바빠서 신문이나 TV 뉴스를 볼 겨를이 없었다. 그래서 시댁에 오면 시아버지로부터 지난 일주일 동안의 '시사 브리핑'을 듣고 세상 돌아가는 얘기를 나눴다. 물론 시어머니와 나누는 수다도 빠뜨려서는 안 될 중요한 일이다.

좋은 음식을 배불리 먹고 수다도 실컷 떨고 난 나는 볼일을 보러 화장실에 갔다. 가는 길에 노야가 잘 있나 보니 잠잘 시간이 다 되었는데도 눈을 초롱초롱 빛내며 신나게 놀고 있었다. 그 모습에 안심을 하고 나는 화장실로 갔다. 그런데 갑자기 거실에 있는 노야의 목소리가 화장실까지 들렸다. 처음에는 작은 소리로 옹알거리는가 싶더니 점점 소리가 커졌다. 얼마 지나지 않아 다른 식구들의 말소리를 덮을 정도로 크게 '아아아~, 이이이~, 아아아' 하는 소리가 났다.

거실에 있는 식구들 모두 하던 일을 멈추고 노야의 연설에 주목하고 있음을 화장실에서도 느낄 수 있었다.

"우리 노야, 말하는 걸 좋아하는구나. 성격이 아주 밝네."

형님 목소리가 들렸다.

'큰일 났다!'

나는 볼일도 제대로 못 보고 황급히 일어나 물을 내리고 손을 씻었다. 이 몇 초 동안 노야의 연설은 아이돌 스타의 팬미팅에서 들을 법한 비명으로 변했다. 소리는 점점 커지더니 모차르트의 '마술 피리'에 나오는 '밤의 여왕 아리아'로 바뀌었다.

화장실에서 뛰어나온 나는 동서의 품에서 노야를 받아 유모차에 앉혔다. 이어서 재빨리 유아용 젖꼭지를 찾아 입에 물려주고 유모차를 흔들면서 아이를 달랬다. 그리고 새파랗게 질린 식구들을 안심시켰다.

"죄송해요. 애기가 졸려서 그런 거예요."

유아용 젖꼭지를 물고서도 노야는 계속 말을 하고 싶었는지 웅얼웅얼 소리를 냈다. 하지만 곧 눈동자가 흔들리더니 이내 잠이 들었다.

아이가 잠이 들자 긴장으로 가득 찼던 거실에 활기가 돌기 시작했다.

"노야 폐활량이 좋구나. 목소리가 큰 걸 보니 나중에 오페라 가수를 해도 되겠어."

시아버지가 껄껄 웃으며 말했다. 안식일 밤은 그렇게 깊어 갔다.

아기는 소리를 질러서 자신의 존재를 알린다

유치원에 들어간 노야에게 귀청이 터져라 소리를 지르는 이상한 버릇이 생겼다.

처음 집에서 이 소리를 들었을 때, 나는 깜짝 놀라서 '쉬' 하며 한참동안 아이를 진정시키려고 애썼다. 그런데 소리가 갈수록 커지자 생각을 바꿔서 유아용 젖꼭지를 입에 물려주었다.

그 뒤부터 노야는 잠에서 깨거나 배가 고프거나 졸리거나 심심하거나 너무 피곤해서 잠이 안 오면 웅얼거리며 내는 소리가 곧바로 비명으로 바뀌었다. 심지어는 놀면서 내는 귀여운 소리와 웃음소리마저 어느 순간 비명으로 바뀌었다.

집안에 난데없이 비명이 들리기 시작하면서 나는 걱정에 빠졌다. 특히 한밤중에 곤히 자다가 비명을 들으면 심장이 멎을 것만 같았다.

남편은 줄곧 '이스라엘의 거칠고 자유분방한 딸'보다 '대만의 얌전하고 교양 넘치는 딸'을 원했다. 그런 그가 얼마나 실망했을지 굳이 말할 필요가 없을 것이다. 사실 노야가 태어난 다음 날 우리는 이미 아이의 목청이 크다는 사실을 알았다. 출산 휴가 3개월 동안 노야를 침착하고 온순한 성격으로 바꾸기 위해 많은 공을 들였다. 그런데 유치원의 영아반에 들어간 지 닷새 만에 공든 탑이 무너질 줄 누가 알았으랴!

이웃 엄마에게 이 얘기를 했더니 돌아오는 대답은 의외로 덤덤했다.

"오히려 잘된 거죠. 목소리가 크면 유치원 선생님이 못 듣고 지나칠 리가 없잖아요. 게다가 폐활량 연습도 되고 잘됐네요."

여전히 안심이 안 된 나는 유치원 선생님을 찾아가 상담을 했다.

선생님은 차분하게 말씀하셨다.

"노야 어머니, 혹시 아기랑 한 방에서 생활하나요? 아기가 작은 소리만 내도 바로 가서 무슨 일인지 확인하시죠?"

나는 고개를 끄덕였다. 노야의 방에 컴퓨터를 놓았기 때문에 낮에 식사를 하고 화장실 갈 때를 제외하고는 종일 그 방에서 생활했다. 아기가 잠이 깨서 옹알거리거나 놀다가 뭐가 마음에 안 들어서 소리를 내면 나는 곧바로 달려가 노야를 안아주었다.

"이곳 유치원에서 근무하니 누구보다 잘 알 거예요. 영아반에 보통 선생님 한 분이 두 명의 아기를 맡고 있어요. 하지만 아기마다 잠자는 시간이 달라서 선생님이 한 아기를 챙겨주느라 다른 한 아기를 방에 혼자 둘 때가 있어요. 그때 아기가 잠에서 깬 뒤 아무 소리도 내지 않으면 아이에게 무슨 일이 일어나는지 모르는 경우가 많죠. 그래서 아기들은 자신의 요구를 다른 사람에게 알리는 법을 배워야 해요. 배고프고, 졸리고, 불편하고, 짜증 날 때 울거나 소리를 내서 알리는 것은 매우 중요하답니다."

이스라엘에서 아이에게 자신의 생각을 표현하도록 독려한다는 사실은 이미 알고 있었고 또한 충분히 이해하고 있었다. 하지만 소리를 지를 필요가 있을까?

"음, 그건 말이죠. 노야가 자신이 큰 소리를 낼 수 있다는 사실을 알고는 신기하고 재미있어서 그러는 거예요. 아직은 조절을 못해서 그렇지 시간이 지나면 나아질 거예요."

선생님은 시종일관 친절하고 자상하게 설명해주었다.

아기로 인한 부부싸움

노야는 혼자서도 잘 놀고, 환한 미소와 귀여운 표정으로 사람들에게 웃음을 선사해 모두에게 사랑을 받고 있다. 하지만 비명을 지르기 시작하면

온 신경이 곤두선다. 아이의 비명 때문에 창문의 유리가 깨질 것만 같아 불안할 지경이다. 만약 귓가에서 노야의 비명을 듣게 된다면 누구라도 귀를 틀어막고 도망칠 것이다.

남편은 무척 조용한 성격인 데다 소음에 매우 민감하다. 이런 남편에게 노야의 비명은 마치 날카로운 칼로 급소를 찌르는 것처럼 견디기 힘든 고문이었다. 처음에는 딸이 소리를 지르기 시작하면 남편은 곧장 일어나 자리를 피했다. 아니면 노야에게 그만하라고 엄하게 혼을 내거나 아예 손으로 아이의 입을 막았다. 남편의 난폭한 행동에 겁에 질려 우는 노야를 보고 나는 그에게 화를 냈다. 그 뒤로 남편은 내게 아이를 맡기고 나 몰라라 했다.

이렇다보니 '노야가 비명을 지른다 → 남편이 난폭해진다 → 노야는 더 크게 비명을 지른다 → 내가 남편에게 화를 낸다'와 같은 악순환이 생겼다. 나와 남편은 이제껏 사이가 좋았다. 의견 차이가 있어도 대화를 통해 해결하려고 노력했기 때문에 여태껏 다툰 적이 없었다. 그런데 아이가 태어나고, 소리를 지르기 시작하면서 우리 부부의 대화 시간은 확연히 줄어들었고 말다툼하는 일이 잦아졌다. 이러다가는 부부 사이에 금이 갈 것만 같았다.

한마디로 우리 가정에 위기가 찾아온 것이다.

비명은 미워하되 아이는 미워하지 말라

그런데 이 악순환은 갈수록 심각해졌다.

비행기를 탔을 때의 일이다. 잠투정을 하던 노야는 40분의 비행시간 중 30분 동안 소리를 질렀다. 남편은 비행기에 앉아 있는 내내 얼굴을 찌푸렸는데 자칫하다가는 아이를 창문 밖으로 던질 기세였다. 나는 아이와 남편을 동시에 달래야 했다.

또 한번은 온가족이 남편의 외할머니를 뵈러 갔을 때의 일이다. 외할머니는 좋은 시설을 갖춘 요양원에서 생활하고 계셨다. 우리가 방문했을 때는 마침 다과시간이어서 입주자 모두 홀 안을 가득 채우고 있었다. 증조외할머니를 만난 노야는 갑자기 바닥을 기고 싶어 했다. 아이를 바닥에 내려놓으려하자 요양원 직원이 나를 만류했다. 입주 노인들 대부분이 병을 앓고 있고 바닥 여기저기에 뱉어진 구토물 때문에 아이 건강에 좋지 않다는 이유에서였다.

노야는 의자에서 내려오지 못하게 하자 테이블로 올라가 춤을 췄다. 엉덩이를 실룩이며 몸을 움직이니 탁자 위에 놓아둔 꽃병이 넘어졌다. 신나게 춤을 추던 아이는 갑자기 그 큰 홀이 떠나갈 듯이 비명을 질렀다. 외할머니가 깜짝 놀란 것은 말할 것도 없고 옆 테이블의 할머니도 놀란 가슴을 쓸어내리셨다. 나는 서둘러 노야의 입에 유아용 젖꼭지를 물려주고 유모차에 태웠다. 그리고 외할머니와 담당 간호사에게 미안하다는 말을 남기고 유모차를 끌며 화원으로 나갔다.

두말할 것도 없이 그날 노야 아빠의 얼굴은 일그러질 대로 일그러져 있었다.

남편의 아킬레스건

나는 어느 정도 시간이 지나면 노야가 비명을 지르는 버릇이 없어질 것이라고 믿었다. 그러나 몇 개월이 지났는데도 유치원 선생님 말씀대로 딸애가 성량을 조절하는 일 따위는 일어나지 않았다. 오히려 노야는 발성 연습하느라 질렀던 비명을 이제는 부모를 부르거나 고집을 부리는 데 이용했다. 이렇다보니 부부관계는 물론 부녀관계마저 위기로 몰아넣는 비명에 대해 심각하게 생각하지 않을 수 없었다.

어느 날, 노야가 잠이 든 뒤 나는 남편과 마주 앉았다. 비록 우리 두 사람 모두 지쳐있었지만 그래도 이 문제를 두고 진지하게 의논해보기로 했다.

"이맘때의 애들은 다 비명을 지른대, 여보. 노야는 다른 아이보다 폐활량이 조금 더 큰 것뿐인데 당신은 왜 그렇게 예민하게 반응하는 거야? 당신이 노야를 혼내거나 손으로 입을 막는 건 너무한 것 같아."

"여보, 사람은 저마다 아킬레스건이 있어. 내 아킬레스건은 신경을 건드리는 소음이야."

남편이 이어서 말했다.

"소음을 들으면 화가 나서 사람을 때리고 싶은 충동까지 들어. 마치 전기 드릴로 내 머리를 뚫는 것만 같다고."

그가 소음을 싫어한다는 것을 알고는 있었지만 이 정도로 심각할 줄은 몰랐다.

"만약 당신이 사랑하는 여자가 비명을 지르면 어떻게 할 거야?"

나는 장난으로 물었다.

"내가 그런 여자를 사랑할 리가 없어. 왜냐하면 나는 비명 지르는 사람이 나에게 다가오는 것조차 싫으니까."

남편의 대답을 듣고 나는 속으로 소스라치게 놀랐다. 그는 진지하게 말을 이어갔다.

"혹시라도 그런 여자를 사랑하게 된다면 어떻게든 비명 지를 일이 생기지 않게 노력하거나 아니면 그 여자 곁을 떠나겠지. 사랑한다고 해서 함께 살 수 있는 건 아니잖아."

노야의 비명이 남편의 아킬레스건이라면, 남편과 딸아이의 관계가 사랑하지만 함께 살 수 없는 지경에 이르지 않도록 내가 나설 수밖에 없었다. 그의 말대로 비명 지를 일이 생기지 않도록 미리 막고, 상황이 나아질 수 있는 방법을 찾아야 했다.

"그렇다면 우리 두 사람이 모두 동의하고 받아들일 수 있는 대처방법을 찾아보자."

나는 남편에게 이렇게 제안했다.

가정의 위기 넘기기

길고 긴 의논 끝에 우리는 몇 가지 타협안을 마련했다.

1. 가능한 노야가 비명을 지르게 되는 상황을 피한다. 아이가 비명을 지르는 데에도 이유가 있다. 만약 이 상황을 피할 수 없다면 소리를 지르기 전이나 지를 때 노야의 주의를 다른 곳으로 돌린다.

2. 딸이 비명을 지르면 아이를 붙잡고 눈을 맞춘다. 그런 다음 침착하면서도 단호하게 말한다.

   "노야야, 엄마는 네가 비명을 지르는 게 싫어. 네가 소리를 지르면 엄마는 화가 나. 그러니 노야가 소리를 지르지 않았으면 좋겠어."

3. 아이의 팔다리를 붙잡는 것 이상의 물리력은 쓰지 않는다.

4. 아무리 타일러도 비명을 그치지 않을 때는 유아용 젖꼭지를 물린다.

5. 노야가 안정을 찾으면, 착한 아이라고 칭찬해주고 비명을 지르지 않고도 기분을 전달할 수 있다는 사실을 알려준다.

6. 부모가 해줄 수 없거나 허락하지 않는 일 때문에 아이가 비명을 지를 경우, 우리는 뜻을 바꾸지 않는다. 그래야 아이가 울고 소리 질러도

소용이 없다는 것을 배우게 된다.

이런 결정을 내린 뒤부터 우리 부부의 관계에도 변화가 생겼다. 노야가 비명을 그친 뒤에는 서로에게 미소를 짓거나 엄지손가락을 치켜 올리며 "잘했어, 당신"이라고 칭찬했다. 비명이 감당할 수 없는 지경까지 이르면, 우리는 상황을 수습한 뒤 시간을 내서 원인을 찾고 좀 더 나은 방법은 없는지 머리를 맞대고 고민했다.

나와 남편이 함께 해결 방법을 찾기 시작한 뒤 신통하게도 딸아이가 비명을 지르는 횟수가 점점 줄어들었다. 노야는 사람들이 소리 지르는 것을 좋아하지 않는다는 사실을 차츰 의식했고 자신을 통제하는 법을 배우기 시작한 것이다. 아이는 두 돌이 지나 자신의 감정과 필요를 말로 전달할 수 있게 되자 더 이상 비명을 지르지 않았다.

비교는 아이를 망친다

"나는 우리 애들을 똑같이 대하고, 무슨 일이든 공평하게 해요"라고 말하는 부모가 있다. 하지만 내가 보기에 이런 양육방법은 어떤 의미에서는 태만이고 무책임한 행동이다.

열 손가락 깨물어 안 아픈 손가락은 없다. 그러나 사랑의 정도가 같다고 해서 사랑의 방식까지 같아선 안 된다.

둘째가 태어난 뒤로 남편과 이야기를 나눌 때 화제는 자연히 두 딸아이가 되었다. 아이들 이야기를 하다보면 '비교'를 안 하려야 안 할 수 없다. 무슨 비교를 할까? 키, 몸무게는 물론이고 머리숱이 많은지 적은지, 우리 중 누굴 더 닮았는지, 성격이 어떤지, 성장발달은 어떻게 다른지 등 비교 대상은 무수히 많다. 둘째 마야에 대해 이야기하다보면 노야처럼 잘 웃는다거나 큰애와 달리 비명을 지르지 않는다는 등 자연스럽게 첫째와 비교하게 된다.

풀리지 않는 수수께끼, 유전과 환경

한번은 남편에게 첫째 노야의 속눈썹은 무척 긴데 둘째 마야는 길지 않다고 말한 적이 있었다. 그랬더니 그는 장난조로 이렇게 말했다.

"집안에 엄마 닮은 아이가 한 명은 있어야지 않겠어?"

나와 남편은 유전과 환경이 아이에게 미치는 영향에 대해 상당히 관심이 많다. 우리 나름대로 확실하다고 결론을 내린 몇 가지 사례가 있다. 예를 들면, 둘째는 모유만 먹고 자라서인지 밤에 자는 습관이 비교적 빨리 들었다. 이것은 인위적인 환경의 영향을 받은 것이 확실하다. 또한 둘째는 낯을 덜 가려서 키우기가 수월했다. 타고난 성격 탓일 수도 있지만 작은애는 큰애만큼 과보호로 키우지 않았기 때문이라고 생각한다.

물론 이런 대화는 결론이 나지 않는다. 결국에 가서는 "개성의 차이인지 육아 방식 차이인지 알 수가 없네!"라는 말로 끝맺곤 한다. 그러다 다음에 새로운 상황과 만나면 우리는 또 다시 예전의 대화를 되풀이한다. 어쨌든 유전과 환경이 인간에게 어떤 영향을 미치는지는 언제나 궁금하다.

대부분의 비교는 둘째 아이의 개성을 찾아내고, 큰애 때의 실수를 반복하지 않으려는 목적에서 비롯된다. 노야와 마야 모두 태어나자마자 어쩔 수 없는 이유로 분유를 먹었다. 노야의 경우 모유가 충분히 나오지 않아서 생후 6개월까지 모유와 분유를 같이 먹었다. 둘째에게는 모유만 먹이고 싶었기 때문에 노야 때 실패했던 경험이 내게는 무척 중요했다. 마야에게 모유만 먹일 수 있는 방법을 찾기 위해 나와 남편은 노야를 키울 때 어떤 일을 겪었으며, 어떤 실수를 했는지 떠올려보았다.

게다가 남편은 자식 외에 다른 어린아이를 돌본 경험이 전혀 없었다. 그는 노야를 통해 처음으로 육아를 경험했기 때문에 그만큼 심혈을 기울여 아이를 돌보았다. 그래서 둘째에 대해 이야기할 때면 마야가 지금은 이런데 내 기억으로 이맘때 노야는 어땠지와 같은 식으로 이어진다. 이런 대화를 통해 나는 큰애와 작은애의 차이를 인식하게 되고 두 아이가 각기 다른 인격체이므로 그에 맞는 방법으로 길러야 한다는 사실을 되새겼다.

엄마는 왜 동생만 안아줘?

나와 남편은 이런 비교가 결코 누구를 편애하거나 흉보려는 것이 아님을 잘 알고 있다. 그렇더라도 비교는 위험한 것이고 대부분 의미가 없다. 게다가 아이들은 의외로 예민하다.

우리 부부는 의도나 내용이 어떻든 절대로 노야 앞에서 (마치 아이가 투명인간인 양) 동생과 비교하지 않는다. 설령 우리가 별 뜻 없이 하는 비교라도 아이가 듣고서 오해할 수 있기 때문이다. 노야를 키우면서 배운 점이 있다면 좋은 점을 말하든, 나쁜 점을 말하든 아이는 자신이 비교당하는 것을 좋아하지 않는다는 것이다.

예를 들면 이렇다.

나는 노야에게 "마야는 자는데 너는 아직도 안 자고 있니?"라는 말을 하지 않는다. 이렇게 우리는 가능한 한 아니, 의도적으로 비교하는 말은 피한다. 물론 비교를 전혀 하지 않을 수는 없을 것이다. 다만 아이가 함께 있을 때는 주의해야 한다.

첫째 아이가 자신과 동생을 비교하는 경우도 있다. 이때 부모는 아이가 한 질문을 진지한 자세로 받아들이고 대답해야 한다. 그것이 다른 사람이 하는 말을 들어서든 스스로 생각해낸 것이든 말이다.

어느 날, 노야가 나에게 이런 질문을 던졌다.

"엄마는 왜 계속 동생만 안아줘?"

이 질문의 속뜻은 '왜 엄마는 나보다 동생을 더 많이 안아주는 거야?'이다. 나는 곧바로 큰딸의 머리를 쓰다듬으며 말했다.

"마야는 아직 아기잖아. 걷지도 못하고 앉지도 못해. 노야처럼 혼자서 먹지도 못하고, 하고 싶은 게 있어도 할 수가 없어. 그래서 엄마가 동생을 안아주는 거야."

딸애를 보니 알 것도 같고 모를 것도 같다는 얼굴이었다.

"마야 혼자서 계단을 내려갈 수 있을까?"

노야는 고개를 저었다.

"동생 혼자서 침대에 올라가서 잘 수 있니?"

아이는 또 다시 고개를 저었다.

"그럼 우리가 외출할 때 아기는 어떻게 아래층으로 내려가지?"

"안고 내려가야 돼."

이번에는 노야가 대답했다. 나는 속으로 '빙고'를 외쳤다.

그날 이후로 노야는 내가 둘째를 안고 있지 않으면 내게 달려와서 손을 내밀며 말한다.

"지금은 내가 애기할래."

그러면 나는 둘째를 안듯이 노야를 번쩍 들어 올려서 뺨에 뽀뽀하며 이렇게 묻는다.

"우리 애기는 지금 어디로 가고 싶니?"

그러고는 노야가 가겠다는 곳으로 아이를 안고 간다.

큰아이가 동생과 자신을 비교하는 것은 주로 불안감에서 비롯된다. 이때 부모는 이 문제를 가볍게 넘겨서는 안 된다. 차근차근 대화를 나누고 행동으로써 사랑을 전달하여 아이의 의문을 풀어줘야 한다. 의문이 풀리지 않으면 비교하는 말은 더 자주 나오게 되고 부모의 주의를 끌기 위해 점점 말썽꾸러기가 된다.

둘째를 낳은 뒤 아이들을 두고 비교하지 말라는 말을 자주 들었다. 하지만 아무리 생각해도 부모가 아이들을 비교하는 것은 무척 자연스러운 일이며 때에 따라서는 비교가 필요하다. 두 아이의 성격을 파악해서 각각에 맞는 양육방법을 찾아야하기 때문이다. 더욱이 친척이나 친구, 이웃을 만나게 되면 형제는 비교를 피할 수 없게 된다. 사람마다 생김새, 재능, 취향, 개성이 모두 다르다. 따라서 각각의 아이를 대하는 부모의 태도나 기대가 다를 수밖에 없다.

결코 아이들을 하나로 보아서는 안 된다. 우열을 가리거나, 좋고 나쁨을 따지려는 것이 아니라 단지 아이들 사이의 다른 점을 찾아내기 위해서라면 비교가 나쁘지 않다고 본다.

"나는 우리 애들을 똑같이 대하고, 무슨 일이든 공평하게 해요"라고 말하는 부모가 있다. 하지만 내가 보기에 이런 양육방법은 어떤 의미에서는 태만이고 무책임한 행동이다.

결론적으로 말하자면 부모가 자녀를 비교하는 것은 가능하다. 다만 서열을 매기거나 누구를 편애하려는 목적이어서는 안 된다.

수다가 곧 공부다, 하브루타

유대인들이 공부하는 장소는 무척 시끄럽다. 두 명 혹은 세 명이 그룹을 지어 대회, 토론, 논쟁을 벌이는 게 이들의 학습법이기 때문이다. 이런 교육법을 통칭해 하브루타(Havruta)라고 한다. 이는 유대인 교육의 핵심이라고 해도 과언이 아니다. 유대인들이 생활의 기본으로 삼는 탈무드에 'o havruta o mituta'란 문장이 있다. 번역하면 "하브루타를 할 친구가 아니면 죽음을 달라"는 뜻이다. 이렇게 보면 하브루타는 단순히 팀을 만들어 공부한다는 수준을 넘는다. 내가 성장하려면 상대가 필요하기에, 서로 존중을 해야 한다는 철학이 깔려 있다. 아쉽게도 외부의 시선은 그렇지 않다. 둘이 토론을 하며 공부를 하면 상대가 오류를 지적해줘 결국 내 사고력이나 학습 결과가 좋아진다는 식으로만 대부분 해석한다. 내 발전을 위해 상대를 이용한다는 식의 사고는 사회성을 강조하는 하브루타를 한참 오해하는 것이다.

며느리 눈치를
보는 시어머니?

아이가 생긴 뒤로 남편은 물론 시댁 식구와의 관계 또한 더욱 돈독해졌다. 이렇게 자녀는 가정의 접착제가 되어 서로를 더욱 가깝게 끌어당기고 이해하게 만든다. 아이를 통해 나는 유대인 사회의 고부관계를 한층 더 깊이 이해하게 되었다.

노야가 태어난 지 6주가 되었을 때 남편이 병원에서 연락이 왔다고 알려줬다. 다음 주 화요일에 산후 검사를 받으라는 내용이었다. 휴대폰으로 스케줄을 확인한 남편은 "내가 그날 지방으로 출장을 가야 돼"라며 걱정스럽게 말했다.

"괜찮아, 나 혼자 갔다 오지 뭐."

나는 대수롭지 않게 대답했다.

"하지만, 의사 선생님이…."

그의 말이 끝나기 전에 내가 말했다.

"괜찮아, 여보. 이참에 의사 선생님도 영어 연습하고 나도 히브리어 연습하면 되지."

남편은 러시아 출신인 담당 의사와 내가 말이 통하지 않을까 봐 걱정했던 것이다.

"그리고 노야는 어머니께 봐달라고 하는 게 어때?"

"아, 그게…."

나는 잠시 머뭇거렸다. 퇴직할 나이가 지났는데도 여전히 일을 하고 계신 시어머니께 폐를 끼치고 싶지 않았다. 그렇다고 생후 1개월이 갓 넘은 갓난아기를 데리고 병원에 갈 수도 없는 노릇이었다. 게다가 외국인이다 보니 주변에 애를 맡길 친구도 많지 않았다. 한참을 고민해도 별다른 방법이 없자 나는 마지못해 고개를 끄덕였다.

병원에 가는 날 시어머니는 약속한 시간보다 조금 늦게 도착했다. 나는 진료 시간에 늦을까 봐 아이가 언제 잠들었으니 언제쯤 깨어날지만 알려드리고 서둘러 집을 나섰다. 분유와 젖병은 식탁에 올려놓았고, 기저귀와 옷은 아기 방의 옷장 서랍에서 찾으면 될 일이었다. 게다가 시어머니는 형님네 애들을 봐주시고 계셨다. 애 보는 일에는 전문가인 시어머니에게 무얼 어떻게 하라고 설명할 필요가 없다고 생각했다. 설명이 많으면 내가 시어머니를 못 믿는 것처럼 보일 것 같았다.

병원에서 검사를 마치고 느긋하게 집으로 돌아왔다. 그런데 집에 들어섰을 때 눈앞에 펼쳐진 상황은 내가 예상한 것과는 너무나 달랐다.

어머님이 내 눈치를 보신다니!

시어머니는 아기를 안고 TV를 보고 계셨다. 노야는 눈을 감고 있었지만 눈가에 눈물이 그렁그렁 맺혀 있었다. 작은 입술은 유아용 젖꼭지를 힘주어 빨고 있었다. 아무리 봐도 울다 지친 데다 배까지 고픈 모습이었다.

"네가 집을 나서자마자 울음을 터뜨리더구나."

시어머니는 내 눈치를 보며 상황을 설명하셨다.

"아직 분유를 먹이지 않았다. 네가 모유를 먼저 먹이고 싶어 할 것 같아서 말이다. 그리고 열이 조금 났는데 물을 먹여도 될지 몰라서 우선 바지만 잠깐 벗겼다 다시 입혔다."

말을 마친 시어머니는 사뭇 긴장한 눈빛으로 나의 반응을 기다리셨다.

나는 그야말로 어안이 벙벙했다. 마치 내가 갓 시집와서 잔뜩 긴장한 며느리를 혼내는 무섭고 엄한 시어머니가 된 것만 같았다.

"그게…. 어머니 생각대로 하셔도 되는걸요. 아이 키우는 일은 저보다 훨씬 더 잘하시잖아요."

나는 더듬거리며 대답했다.

우리 두 사람은 서로 어색하게 마주 앉았다. 나는 심호흡을 한 번 하고 시어머니에게서 노야를 받아 기저귀를 갈고 우유를 먹였다. 내가 아기를 받아 안자 시어머니는 안도의 한숨을 내쉬었다. 하지만 여전히 걱정이 가득한 눈빛이었다.

나중에 남편이 퇴근하고 돌아와서 우리 두 사람의 대화에 끼어들었다. 그런데 시어머니가 갑자기 히브리어로 남편에게 작게 말씀하셨다. 한참 어머니의 얘기를 듣던 그는 웃음을 터뜨렸고 고개를 돌려 내게 말했다.

"어머니가 애기 열을 식히려고 바지를 벗기셨대. 그런데 당신이 싫어할까 봐 '걱정'을 하셨다는군."

남편은 걱정이라는 단어를 히브리어로 말한 뒤 다시 영어로 말하며 강조했다. 이 얘기를 하면서 그는 무슨 대단히 재미있는 이야기라도 들은 듯 집안이 떠나가라 웃었다.

순간 나는 할 말을 잃었다. 아직도 웃고 있는 남편과 그 옆에서 걱정스런 표정으로 앉아 계신 시어머니를 보니 이런 생각이 들었다.

'도대체 지금 무슨 상황이지?'

화기애매한 고부 사이

서른이 넘어 친구들이 하나 둘 결혼을 한 뒤부터 고부 간의 갈등, 다툼, 원망에 관한 이야기를 귀에 못이 박히게 들었다. 그래서인지 '악독한 시어머니와 몹쓸 며느리'는 여전히 막장드라마의 좋은 소재가 되고 있다. 나는 스스로 신세대임을 자부하고 사랑은 두 사람 사이의 일이라고 주장하면서도 일찌감치 깨달은 바가 있다. 두 사람이 외딴 곳에 살지 않는 이상 결혼은 두 가정의 결합이라는 것을 말이다.

우리 부부는 이스라엘에서 처음 만나 사랑에 빠졌고 열흘 후 나는 대만으로 돌아갔다. 그때부터 나는 대만에서, 그는 지구 반대편인 이스라엘에서 1년 반을 떨어져 지냈다. 그 기간 동안 우리 두 사람은 이메일과 화상 통화로 사랑을 키웠다.

장거리 연애를 시작한 아들을 돕기 위해 이때부터 시어머니가 두 팔을 걷어붙이고 나섰다. 시어머니는 내게 수시로 연락을 했고 집안에 일어난 일을 일일이 알려주셨다. 심지어 내 생일이면 머나먼 이스라엘에서 선물까지 보내주셨다. 나중에 나는 보금자리를 이스라엘에 마련하기로 결정했다. 그동안 시어머니와 통신을 통해 쌓은 우정은 내가 낯선 이스라엘에서 새로운 인생을 시작하기로 결심할 수 있었던 원인 중 하나였다.

이스라엘에 도착한 뒤 시어머니는 극진한 정성으로 나를 돌봐주셨다. 내가 어학당에서 받아온 숙제를 끝내면 시어머니가 검토해주셨다. 그리고 나를 데리고 여기저기 다니시며 이스라엘의 문화를 알려주셨다. 남편이 군사 훈련(이스라엘 예비군은 병사 출신 예비군의 경우 1년에 54일을 훈련하고 3년마다 1회 25일 동안 실제 작전에 배치된다. - 역자주)을 하는 달에는 매일 전화로 내 안부를 물어오셨다. 매주 금요일 저녁 열리는 가족 모임에서도 특별히 나를 챙겨주셨다. 히브리어로 이야기하는 가족들 사이에서 내가 소외감을 느끼지 않도록 일부러 영어로 말을 걸어주셨다.

그러니 나와 시어머니의 관계가 돈독하다고 말해도 지나치지 않았다. 시댁에 가면 나는 누가 시키지 않아도 알아서 식탁을 차리고 설거지를 한다. 떠날 때는 고맙다는 인사도 잊지 않는다. 시어머니가 안식일에 만드는 케이크는 무조건 한 접시를 깨끗이 비운다. '불효막심한' 남편처럼 한 입 먹어 보고는 입맛에 안 맞는다고 야박하게 포크를 내려놓는 일은 결코 없다. 그는 입맛이 까다로워서 치즈케이크가 너무 다네, 무스 케이크 생크림이 뻑뻑하네, 사과 파이가 덜 구워졌네 등의 불평을 하고는 음식에 다시는 손도 대지 않는다.

이런 걸 보면 우리 두 사람은 좋은 시어머니, 좋은 며느리가 되기 위해 노력하고 있는 것이 분명하다. 그렇기 때문에 이번 일은 더더욱 이해가 되지 않았다. 어떻게 시어머니가 내 눈치를 본단 말인가!

외국인 며느리의 오해

시어머니가 떠난 뒤, 나는 기다렸다는 듯이 남편에게 무슨 영문인지 물었다. 그는 빙그레 웃으며 말했다.

"오늘 내가 남아서 노야를 봤으면 당신은 어떻게 했을 거야?"

"기저귀랑 애기 옷 꺼내서 탁자 위에 놓고 필요할 때 갈아입히라고 말했겠지. 젖병에 분유 덜어놓고 얼마나 먹여야 하는지 알려줬을 테고. 실내 온도 확인하면서 에어컨 틀라고 말했을 거고. 노야가 이불 차지 않게…."

나는 남편이 해야 할 일들을 하나하나 열거했다.

"그럼 왜 어머니한테는 그런 말을 안 했어?"

남편의 말은 계속 이어졌다.

"당신이 아무 얘기도 안 해서 어머니는 자신에게 어떤 일도 맡기지 않는다고 여기셨던 거야. 이스라엘의 엄마들은 각자 자신만의 방식으로 아이를 키워. 다른 사람이 간섭하는 걸 싫어해."

"하지만 나는 어머니가 애를 잘 봐주실 거라고 믿는 걸."

나는 여전히 이해가 되지 않았다.

"그렇다면 어머니가 오셨을 때, 당신이 어머니를 신뢰한다는 사실을 말했어야지. 당신, 어머니한테 그런 얘기 했어?"

내 말이 끝나기 무섭게 남편이 물었다.

아니, 어른인 시어머니에게 내가 당신을 신뢰한다고 말해야 하다니! 그럴

수가 있을까?

"그것 봐, 어머니한테 말하지 않았지? 당신은 어머니한테 애를 어떻게 돌봐야 할지 일일이 알려드렸어야 했어."

남편은 차분하게 설명했다.

"하지만 어머니가 어른이시니까 존중하는 마음에서 그런 거라고. 어떻게 하라고 일일이 말하는 건 예의에 어긋나는 거 아냐?"

나는 마음속 생각을 꺼내놓았다.

"예의에 어긋난다?"

남편은 이마를 찌푸리더니 내 말을 곱씹었다. 그리고는 뭔가 깨달았는지 이렇게 말했다.

"존중이란 그 사람이 하는 말이나 결정을 중요하게 받아들이는 거잖아. 나이하고는 상관이 없어. 이건 예의와는 관계가 없다고. 당신이 오늘 어머니한테 보인 태도는 어려워하는 것이지 존중이 아니야. 그건 상대방을 신뢰한다는 것도, 두 사람 사이의 우정을 보여주지도 못하지. 당신이 애를 맡기면서 아무 설명도 안 했잖아. 어머니는 자신의 방식대로 애를 돌봤는데 당신이 좋아하지 않을까 봐 걱정을 하신 거였어. 게다가 당신 내성적인 거 어머니가 아시잖아. 혹시라도 불만이 있더라도 당신은 겉으로 내색하지 않을 테니 어머니는 더욱 난처하셨던 거지."

노야 아빠는 여기까지 말을 하고는 크게 웃었다.

"당신이 살던 동양의 문화는 정말 재미있어."

그는 이렇게 결론지었다.

낯선 나라에서 길을 헤매는 동양 문화

웃고 있는 남편을 보면서 나는 속이 답답하고 기분이 묘했다. 오늘의 해프닝은 결국 어른을 공경하고 자신을 낮추는 동양사회의 위계질서가 이스라엘이라는 낯선 나라에서 길을 잃고 헤맨 결과였다.

"동양문화는 무슨 동양문화, 이게 다 그놈의 교육 때문이라고!"

권위에 복종하고 위계질서를 지키도록 가르쳤던 구시대적 교육의 잔재가 아직도 내게 남아 있다는 사실에 화가 났다. 나는 스스로 의식이 깨어 있고 진보적이라고 자부해왔다. 또 그렇게 살기 위해 지금껏 자신을 돌아보며 살아왔는데도 과거의 낡은 관습은 그 뿌리를 깊게 박고 있었다.

여기에 생각이 미치자 시어머니가 그동안 왜 나를 대할 때마다 조심스러워했는지 이해가 갔다. 나는 시어머니를 윗사람을 대하는 태도로 대했지 결코 친구로 여기지 않았다. 이스라엘에는 사람과 사람 사이에 윗사람, 아랫사람의 구별이 없다. 부모라도 성인이 된 자녀와 친구가 되고 좋은 관계를 유지하려고 노력한다. 그런데 내가 시부모님을 존경하고 예의 바르게 행동하려는 모습이 정작 시어머니 눈에는 내가 당신을 못 믿는다고 비춰진 것이다. 그래서 내가 자신에게 살갑게 대하지 않고 먼저 말을 걸지 않는 거라고 생각하신 거였다. 어쩐지 나와 시어머니가 어색하게 앉아 대화를 나누는 모습을 보며 그 사이에 낀 남편이 그리도 재미있어 하며 웃더라니.

가정 교육은 밥상머리에서 시작된다

한지붕 아래 살면서도 소통이 쉽지 않은 시대다. 식사 자리도 마찬가지다. 모처럼 가족이 한자리에 모여도 적막만 흐르기 쉽다. 가족이 함께 밥을 먹는 시실만으로 다행이라고 여겨야할까?

유대인 부모는 퇴근 후 잠자리에 들기 전까지 자녀와 함께한다. 특히 저녁 식사는 한 시간 정도 길게 하며 아이들과 대화를 나눈다. 그들은 생활백서인 탈무드를 비롯해 다양한 주제로 토론하기도 한다. 식사 시간이 교육과 토론의 장인 셈이다.

자녀와 이야기할 때 유대인 부모는 말을 최대한 줄이고 아이의 말을 경청한다. 중간에 말을 자르거나 잘못을 지적하지도 않는다. 이를 통해 아이들은 자신의 의견을 당당하게 말하는 법, 남과 소통하는 법을 배운다.

아이의 의사소통능력과 인성을 기르는 데 밥상머리 교육만한 것도 없다.

보모? 보육시설?
직장맘의 고민

출산 휴가가 끝나고 다시 일을 시작하는 엄마들은 갓난아기를 맡아줄 보모나 보육시설을 구해야 한다. 품에 안긴 아기를 보면 어떻게 떨어져 지낼지 엄두가 나지 않는다. 다행히도 내가 일하는 유치원은 매우 훌륭한 영아교육시스템을 갖추고 있었다. 이 유치원에 신생아를 맡기려면 며칠 간은 부모도 함께 출석해 적응훈련을 해야 한다.

이스라엘의 출산 휴가는 길다면 길고, 짧다면 짧은 3개월이다. 휴가가 끝나면 대부분의 엄마들은 직장으로 돌아간다. 그래서 믿을 수 있는 보모나 보육시설을 구하는 것이 출산 휴가 동안 부모가 해결해야 할 가장 급하고 중요한 일이다.

보모를 구할까? 보육시설을 구할까?

그렇다면 아기를 일대일로 돌봐주는 보모를 구하는 게 좋을까? 아니면 아기를 보육시설에 보내는 게 좋을까? 출산 전에 이 문제에 대해 동료들과 이야기를 나눈 적이 있다. 유아교육 현장에서 일하고 있는 만큼 대부분이 보육시설을 선호했다.

동료 한 명이 이렇게 말했다.

"내 자식이라도 말을 안 들을 때는 화가 나서 때려주고 싶다는 생각이 들 때가 간혹 있어. 자기가 낳은 아이에게도 이러는데 종일 남의 아이를 돌본다는 게 어디 쉬운 일이겠어?"

또 다른 동료가 옆에서 거들었다.

"보육시설에 보내면 바로 곁에서 돌봐주는 보모만은 못하겠지. 하지만 보육시설에 여러 명의 교사가 있으니 서로 도울 수 있잖아. 정신적인 힘이 되어 주고 급한 일이 생기면 당번을 바꿀 수도 있고, 무엇보다 보는 눈이 있으니 함부로 아기를 구박하거나 때리지는 못하지."

그녀는 계속해서 이렇게 말했다.

"갓난아기는 어린 데다 말도 못하니 억울한 일을 당해도 호소할 수가 없잖아. 보모가 전적으로 믿을 수 있는 사람이 아니라면 위험은 늘 따라다니게 되어 있어."

내가 일하는 유치원의 영아반은 교사들의 전문성과 운영 면에서 믿음이 갔다. 게다가 생활공간이 넓고 장난감도 많은 데다 하루 일과가 계획적으로 진행되었다. 무엇보다 마음에 든 부분은 모유 수유를 권장한다는 점이다. 아기가 놀다가 배가 고파지면 담당 선생님이 전화로 내게 알려준다. 그러면 바로 영아반으로 건너가서 아기에게 수유를 할 수 있으니 이보다 좋을 수는 없었다.

물론 보모 또한 나름의 장점이 있으며 훌륭한 보모가 많다는 사실도 알고 있다. 그러나 나는 동료들의 의견을 받아들여 내가 일하고 있는 유치원 영아반에 아이를 맡기기로 했다.

보육시설도 구했고 이제 휴가 기간 동안 집에서 안심하고 아기와 보내면 될 줄 알았다. 그런데 출산 휴가가 한 달 정도 남은 어느 날, 영아반 선생님으로부터 전화가 왔다.

"노야 어머니, 따님의 발육상태에 관해 상담을 해야 하니 시간을 좀 내주세요."

부모의 참관을 권하는 유치원

전화로 간단한 인사를 주고받은 뒤 선생님은 곧바로 본론을 꺼내셨다.

"시간 나실 때 노야를 데리고 오셔서 이곳을 둘러보세요. 그래야 아이가 선생님들과도 얼굴을 익힐 수 있으니까요."

나는 그녀의 말에 깜짝 놀랐다. 출산하기 전에 가끔씩 영아반에 가서 일을 거든 적이 있었다. 그때는 낯선 아기들의 얼굴을 익히고 이것저것 챙겨주느라 다른 일을 돌아볼 겨를이 없었다. 그래서 교사와 부모가 면담을 하거나 영아반에 정식으로 들어오기 전 아기들이 교실과 교사와 익숙해지는 '적응훈련' 시간이 있는 줄도 몰랐다.

"우리 영아반의 업무 내용과 아기들의 하루 일과를 잘 알고 있을 테니 굳이 종일 참석하라고는 강요하지 않을게요"

선생님은 농담조로 말했다. 그리고 이렇게 덧붙였다.

"하지만 영아반에 정식으로 등록하기 전에 노야 얼굴을 자주 봤으면 좋겠네요."

나중에 선생님과 만나 면담을 했다. 그는 노야가 정식으로 등록하기 2주 전부터 매일 적어도 한 시간은 영아반에서 시간을 보내야 한다고 알려줬다.

"매번 다른 시간에 오는 게 좋아요. 그래야 아이와 엄마 모두 영아반에서 운영하는 프로그램을 다양하게 체험할 수 있죠. 그리고 두 번째 주부터는 아기를 이곳에 맡기고 한두 시간 지나서 데리러 오세요. 그래야 노야가 이곳의 침대에 익숙해지고 또 잠에서 깨어난 뒤 우리 선생님들과 함께 시간을 보낼 수 있으니까요."

선생님 말에 따르면, 엄마들은 아이를 낯선 사람에게 맡기면서 걱정이 태산이라고 한다. 아기가 적응할 수 있을지, 선생님이 잘 돌봐줄지가 주된 걱정거리다. 이럴 때 가장 좋은 방법은 시간을 두고 천천히 서로를 알아가는 것이다. 즉, 아기가 새로운 환경과 낯선 얼굴에 적응하도록 훈련시키고, 영아반에서 무엇을 하며 하루를 보낼지 엄마가 알고 있어야 한다. 한편 영아반 선생님들에게도 새로운 아기와 친해질 수 있는 시간을 주어야 한다.

"그리고 엄마가 바로 옆에서 선생님들이 어떻게 자신의 아이를 돌보는지 볼 수 있잖아요. 그렇게 되면 선생님의 개인적인 특징도 파악할 수 있으니 더욱 안심이 되겠죠. 이 적응 훈련은 '인수인계'라고도 할 수 있어요. 엄마의 손에서 이곳 선생님들 손으로 아기를 낮 동안 맡기는 거잖아요. 엄마와 선생님이 일정 시간 함께 지내게 되면 인수인계가 훨씬 수월해질 거예요."

그의 설명을 듣고 보니 영아반에서 아기와 엄마를 세심하게 배려한다는 것이 느껴져서 마음이 뭉클했다. 그리고 부모가 안심하고 맡길 수 있는 유치원의 조건에 대해 생각해보게 되었다. 우선 생활환경이 안전하고 위생적이어야 하며, 교사가 전문적인 지식과 프로정신을 갖춰야 한다. 그러나 무엇보다 중요한 것은 성장에 필요한 각 단계별 과정을 아기들이 무사히 통과할 수 있도록 도와줄 수 있느냐 여부다.

나중에 대만 친구들에게 이스라엘 유치원에 대해 얘기했을 때 모두들 신기하다는 반응을 보였다. 대만에서는 전학 온 학생의 부모가 수업을 참관하겠다고 하면 대부분의 유치원과 교사들은 이를 꺼리기 때문이다.

"내가 유치원 선생님한테 며칠만 아이가 수업 받는 걸 참관하고 싶다고 얘기했었어. 선생님이 우리 애를 어떻게 대하는지 보고 싶었거든. 그랬더니 무슨 모욕이라도 들은 것처럼 얼굴이 빨개지더라니까."

아기 봐줄 사람을 찾고 있던 친구 한 명이 내게 경험담을 들려주었다.

유치원이나 교사가 학부모의 참관을 꺼리는 데는 몇 가지 이유가 있다. 우선 학부모가 가까이 있으면 아이가 수업에 집중하지 못한다. 그리고 학부모가 이런 요구를 하는 것은 자신들을 신뢰하지 못하기 때문이라고 생각하는 경우도 있다. 그러나 상대방의 신뢰를 얻으려면 자주 만나고 대화해야 하지 않을까? 학부모를 교육현장에 들이지 않는 것은 어쩌면 자신이 없기 때문일지도 모른다.

셋째를 낳은 지금까지도 내가 운영하는 블로그 이웃이나 친구들에게 좋은 보육시설을 어떻게 구하느냐는 질문을 자주 받는다. 그때마다 나의 대답은 한결같다. 보육시설의 환경과 전문성을 확인해야겠지만 무엇보다도 부모에게 교육현장을 개방하는 시설을 구하라는 것이다.

남자의 성기가
마냥 신기한 딸

"아이에게 우리 몸의 '코'와 '위'의 정확한 이름과 역할을 알려주듯이 성기에 대해 가르칠 때도 동일한 방식을 사용하세요."

내가 중학교에 다닐 때는 교실 창문에 커튼을 치고 한 시간 내내 어색한 분위기에서 성교육을 받았다. 이런 나에게 성기의 정식 학명을 써서 아이와 대화를 나눈다는 것은 참으로 난감한 일이다.

셋째를 임신했던 해의 어느 저녁이었다.

두 아이를 데리고 산책을 나선 길에 둘째의 유치원 친구와 그 엄마를 만났다. 똘똘하게 생긴 그 남자아이는 친구를 보자 반가웠는지 한달음에 달려와서 우리 마야에게 말을 걸었다.

"나 있잖아, 오늘 아침에 일어나는데 엉덩이 아래가 엄청 아팠어."

임신 말기라 눈치가 둔해졌는지 아이 엄마가 내게 눈짓하는 것도 모르고 무심결에 물었다.

"엉덩이 아래가 왜 아플까? 넘어졌나 보구나."

남자아이는 뾰로통하게 대답했다.

"넘어진 거 아니에요. 음경이 커져서 그런 거예요."

아뿔싸! 딸만 키우다 보니 네 살배기 남자아이가 잠에서 깰 때 가끔씩 바지에 텐트를 친다는 사실을 까맣게 잊고 말았다. 그제야 아이 엄마와 눈이 마주친 나는 재빨리 유치원에서 일한 경험을 살려 부드러운 말투로 아이를 달랬다.

"원래대로 작아지면 안 아플 거야."

아이는 마치 원하던 대답이라도 들은 듯 고개를 끄덕이더니 이내 우리 딸의 손을 잡고 공원으로 향했다.

쟤한테는 있는 게 왜 나한테는 없어요?

작은애 마야의 성격은 큰애 노야와 무척 다르다. 예술 분야에 관심이 많은 노야는 그림 그리기에 빠져서 사람의 말투나 표정에 그다지 주의를 기울이지 않고 인체의 신비에도 관심을 보이지 않는다. 그에 비해 마야는 관찰력이 매우 예리하다. 사람의 표정을 읽을 줄 알고 가족의 신체에 일어난 작은 변화까지 쉽게 알아차린다. 둘째는 이제 겨우 네 살인데도 내 팔에 있는 점을 기억하고, 가늘게 다듬은 눈썹과 물건에 부딪혀서 생긴 멍 자국도 알아본다.

이제 막 유치원에 들어간 마야가 새로운 친구들을 만나고 남녀 신체의 차이를 알게 될 테니 아마도 호기심은 한참 동안 이어질 것이다. 남편에게 이 사실을 알려주고 조만간 쏟아질 아이의 질문에 대해 마음의 준비를 단단히 시켰다.

둘째는 갓 태어난 셋째가 모유를 먹는 모습을 본 뒤로 나의 가슴에서 눈을 떼지 못했다.

내가 셋째에게 젖을 물리고 있을 때마다 작은딸은 수많은 질문을 몇 번이고 반복하며 쏟아놓았다.

"엄마 유방은 큰데 왜 나는 이렇게 작은 거야?"

"아가는 왜 엄마젖을 먹어?"

"나는 왜 아가에게 줄 젖이 안 나오는 거지?"

"왜 아빠 유방도 작은 거야?"

"아빠는 왜 아가에게 젖을 못 주는 거야?"

나는 평소에 두 딸아이와 함께 목욕을 한다. 그 때마다 여자의 몸에 대한 갖가지 질문에 답하기를 수없이 되풀이했다. 아이들은 어떤 일에 흥미를 강하게 보이다가도 시간이 지나면 시들해지기 마련이다. 그러다가 나중에 비슷한 상황을 다시금 만나게 되면 예전에 했던 질문을 새롭게 쏟아놓는다.

이때 아이에게 정확한 대답을 제시해야만 꼬리에 꼬리를 무는 질문을 피할 수 있다는 것이 나의 지론이다.

"넌 아직 아이잖니. 나중에 사춘기가 되면 커질 거야. 사촌 언니 카렌처럼 말이야."

"우리 인간은 포유류에 속하는데, 포유류의 아기는 젖을 먹어. 강아지, 고양이도 새끼에게 젖을 먹이지."

"포유류는 여자만 젖이 나온단다. 아빠는 남자라서 젖이 나오지 않아."

둘째 딸과 비슷한 나이의 아이들은 이런 대답을 들으면 대부분 수긍하기 때문에 이쯤에서 질문을 그친다. 나는 아이들의 호기심을 채워주는 동시에 정확한 지식을 알려주는 것이 가장 효과적인 교육이라고 생각한다.

마야가 유방에 흥미를 잃는가 싶더니 이번에는 남자의 신체로 관심을 돌렸다. 아마도 같은 반 남자아이가 잠에서 깰 때 종종 바지에 텐트를 친다는 얘기를 들었나보다.

둘째네 반은 유치원에서 나이가 가장 어린 반이다. 아이들 대부분이 올해 들어서야 기저귀를 뗐다. 이제 막 기저귀를 뗀 아이들은 단짝 친구와 함께 화장실을 가는데 이때 남녀의 몸이 다르다는 사실을 의식하게 된 것이다. 예전에 큰애도 유치원에서 돌아온 뒤 남자의 몸에 대해 얘기하던 기억이 난다. 남학생은 몸 앞쪽에 불쑥 나온 것으로 소변을 보는데, 서서 소변을 보느라 변기 바깥으로 오줌을 흘린다는 것이다. 노야는 변기 바깥으로 소변을 흘리는 남자아이에 대해 불만이 이만저만이 아니었다. 아이는 남녀의 생리적 차이에 대해 그다지 관심을 보이지 않았고 질문도 많지 않았다. 지금의 둘째와 비교하면 노야를 키우던 그때가 훨씬 수월했다.

물론 유치원에서도 이 부분에 대해 가르친다. 아이들은 대부분 유치원 화장실에서 이성의 신체를 보게 되는데 이때 던지는 질문은 어김없이 남자아이의 성기에 관한 것이다.

"저건 뭐예요?"

"쟤한테는 있는 게 왜 나한테는 없어요?"

유치원에서는 네 살짜리 아이에게 성에 관한 기본 지식을 이용해서 대답을 해준다.

"남자의 몸에는 음경이 있고 여자의 몸에는 질이 있어요. 음경은 몸 밖으로 나와 있지만 질은 몸 안에 있답니다. 질은 소변이 나오는 곳이 아니라 아기가 세상 밖으로 나오는 통로입니다."

이스라엘의 유치원에서는 성기를 언급할 때, 일반적으로 부르는 별칭이 아닌 정식 학명을 쓴다. 뿐만 아니라 가정에서도 성기의 정식 명칭을 사용할 것을 권한다. 큰애가 유치원에 다닐 때 유아기의 성교육에 대해 담임 선생님과 이야기를 나눈 적이 있다. 그의 조언은 이랬다.

"아이에게 우리 몸의 '코'와 '위'의 정확한 이름과 역할을 알려주듯이 성기에 대해 가르칠 때도 동일한 방식을 사용하세요."

내가 중학교에 다닐 때는 교실 창문에 커튼을 치고 한 시간 내내 어색한 분위기에서 성교육을 받았다. 이런 나에게 성기의 정식 학명을 써서 아이와 대화를 나눈다는 것은 참으로 난감한 일이다.

유치원 선생님은 작은애가 남자아이의 성기에 유달리 관심이 많다고 알려주었다. 어느 날은 남학생에게 바지를 벗어서 보여 달라고 당차게 요구했다는 것이다.

'이를 어찌할꼬!'

난처한 기색을 감추지 못한 나에게 선생님은 미소를 지으며 말했다.

"상황에 따라 대처하면 됩니다. 아마도 화장실에서 소변을 보는 남학생을 보자 호기심이 발동했을 거예요. 만약 남자애가 보여주겠다고 기꺼이 응한다면 그때는 아이에게 보라고 허락해도 괜찮답니다."

얼마 후 우려하던 일이 기어코 벌어지고 말았다. 둘째가 아빠에게 눈독을 들인 것이다.

아빠를 곤란하게 만든 호기심

어느 휴일 아침이었다. 마야가 아빠의 성기를 보겠다며 고집을 부리고 있었다. 남편이 어떻게 이 사태를 수습할지 나는 구경꾼이 되어 옆에서 지켜보았다.

남편은 프라이버시를 매우 중요하게 생각한다. 그래서 노야가 두 돌이 지난 뒤로는 부녀가 따로 외출했을 때도 딸애를 남자화장실에 데리고 가지 않는다. 나는 아이가 아직 어리니 아빠 성기를 본다고 해서 그게 그리 난처하거나 예의 없는 일은 아니라고 생각했다. 그런데 남편은 마야가 분명 산더미 같은 질문을 퍼부을 것이며 유치원에 가서 친구들과 선생님 앞에서 무슨 얘기를 할지 모른다며 완강히 버텼다.

기회가 찾아왔을 때 교육을 해야 한다는 내 의견에 남편은 말도 안 된다는 표정으로 대답했다.

"유치원에서 남자아이, 여자아이가 같은 화장실을 쓰는데, 우리 딸들이 친구들 성기 보는 걸로 부족하다고 생각해, 당신은?"

그의 말에도 일리가 있었다. 하지만 아이가 떼를 쓰며 아빠 성기를 보겠다고 하는 지금, 남편은 어떻게 위기를 모면할까? 그는 둘째를 안아 올린 뒤 이렇게 말했다.

"그건 아빠한테 중요한 부분이야. 그래서 아무에게나 함부로 보여주고 싶지 않아."

작은애가 물었다.

"왜?"

"아빠가 원하지 않으니까. 마야 너는 아빠 생각을 존중해줘야 돼."

남편은 자기 뜻을 굽히지 않았다. 이에 작은딸도 지지 않고 물었다.

"왜 그러는데?"

이렇게 두 부녀가 실랑이를 벌이고 있을 때, 큰딸 노야가 끼어들었다.

"우리 선생님이 그러셨는데, 비키니 수영복을 입을 때 가리는 부분이 우리 몸에서 가장 중요한 부분이래. 그래서 다른 사람한테 함부로 보여주거나 만지게 하면 안 돼. 엄마, 아빠, 아는 사람이라도 안 된다고 그랬어. 그치만 엄마, 아빠가 목욕시켜주거나 의사 선생님이 진찰할 때는 보거나 만져도 된대."

"왜?"

마야는 앵무새가 되었다.

"거기는 중요한 부분이라니까!"

노야는 '넌 어쩜 그렇게 멍청할 수 있니' 하는 표정으로 대답했다.

"아~" 하고 둘째가 마침내 수긍을 했다.

곧이어 큰딸이 이렇게 상황을 정리했다.

"네가 아빠를 목욕시키거나 진찰하는 것도 아닌데 왜 아빠의 음경을 보겠다는 거야?"

노야가 유치원에서 이 주제에 대해 공부하고 있다는 걸 깜빡했다. 마음

같아서는 큰딸과 하이파이브라도 하고 싶었다.

큰애 덕분에 한숨 돌린 남편은 내친 김에 보충설명을 곁들였다.

"자기 몸은 자기의 것이야. 만약 다른 사람이 손을 잡거나 뽀뽀하려고 할 때 네가 원치 않으면 거절해야 돼. 방금 아빠가 너에게 성기를 보여주지 않겠다고 한 것처럼 말이지."

둘째는 마침내 남편의 말을 받아들였고 다시는 아빠의 성기를 보겠다고 고집부리지 않았다.

하지만 지금도 마야는 내가 옷을 갈아입는 걸 보면 쪼르르 달려와 내 속옷을 유심히 보며 묻는다.

"엄마는 음경이 없어? 그럼 아빠는 있나?"

그러고는 남편에게 가서 바짓가랑이를 톡톡 치며 묻는다.

"아빠 음경이 여기 있는 거야?"

유대인의 육아법은
무엇이 다른가

소설 《어린 왕자》에서, 어린 왕자는 여우에게 '길들이는 것'이 무엇인지 물었다. 여우는 '관계 맺는 것'이라고 대답했다.

이스라엘의 부모와 신생아 사이에는 그들만의 관계를 맺는 특별한 방법과 철학이 있다. 이를 통해 부모는 자녀의 개성과 재능을 이해하고 그 과정에서 특별한 교감을 나눈다.

입덧과의 전쟁

미국 영부인이었던 힐러리 클린턴(Hillary Rodham Clinton)은 그의 저서 《집 밖에서 더 잘 크는 아이들 It takes a village》에서 어린아이를 양육하기 위해 사회 전체의 노력이 필요하다고 말했다. 이스라엘은 사회 전체가 어린아이를 돌보는 것은 기본이고 그에 앞서 임신부를 보호하기 위해 엄청난 노력을 쏟는다는 사실을 나는 이곳에서 아이를 낳고 기르면서 직접 경험했다.

내가 둘째를 임신했을 때의 일이다.

임신 7주에 들어서면서 입덧이 점점 심해졌다. 아침부터 저녁까지 온종일 토했고 나중에는 물만 마셔도 구역질을 했다. 밤에도 잠을 못 잘 정도였다. 이런 증상이 사흘째 이어지자 남편은 나를 병원에 데리고 갔다. 소변검사 결과를 보고 의사는 내가 '임신오조(妊娠惡阻, 임신 중 입덧 증상이 악화되어 영양·정신신경계·심혈관계·신장·간장 등에 장애가 나타나는 증상)'라 탈수증상을 보인다고 했다. 나는 수분을 보충하기 위해 포도당 주사를 맞았다.

임신오조? 이 낯선 의학용어에 나와 남편은 어리둥절했다. 임신해서 입덧을 하는 건 정상이 아닌가? 일반적인 입덧보다 상태가 더 심각하다는 건가? 그렇다면 링거를 맞은 뒤 집에 가서 며칠 푹 쉬면 될 일이었다.

그런데 며칠을 쉬고 나서도 상황은 나아지지 않았다. 나는 하루에 스무 번 넘게 구토를 했다. 처음에는 화장실로 달려갔지만 일어날 힘도 없을 정도로 지치면 침대에 누운 채 토했다. 외출은 말할 것도 없고 때로는 물을 마시러 가는 것조차 어려웠다.

약 처방을 거부하는 의사

집에는 어린아이가 있었고, 직장에도 나가야 했다. 그런데 이렇게 주야장천 토해대니 견딜 수가 없어서 다시 의사를 찾아갔다. 이번에는 탈수 중

세는 없지만 여전히 케톤뇨(우리 몸에 인슐린 분비가 부족하면 당을 에너지로 이용하지 못한다. 그래서 체내에서 당 대신 지방에서 지방산을 만들어 에너지로 이용하는데 이때 지방산이 간에서 케톤체로 바뀌어 소변으로 다량 배설되어 나오는 것을 케톤뇨라고 한다)가 있었고 체중은 내 몸무게의 5% 이상 줄었다. 의사는 종합비타민 주사를 처방하며 입원 후 경과를 지켜보자고 했다.

"구토를 멎게 하는 약을 처방해주시면 안 되나요?"

내가 의사에게 물었다.

"안 됩니다. 아직까지 그 약은 임신부에게 적합한 A급 기준을 통과하지 못했어요. 이 약을 복용한 뒤 태아에게 아무런 부작용이 없다고 확신할 수 없다는 말입니다. 종합비타민 주사를 맞고 나면 몸이 한결 좋아질 테니 그때 물과 음식을 드시고 체력을 보충하세요."

의사의 설명은 이랬다.

"이 주사를 맞고 나면 제가 기운이 좀 날까요?"

나의 질문은 계속 되었다.

"입덧은 보통 임신 12주가 지나야 호전됩니다. 비타민 주사를 맞으면 입덧이 약해질 수 있으니 이때 가능한 물을 많이 마셔두세요. 상태가 악화되는 게 다소 지연될 겁니다."

의사가 대답했다. 정리하자면, 주사를 맞고 나면 얼마간은 상태가 나아지겠지만 며칠이 지나면 다시 구토 증상이 돌아올 것이다. 그때 다시 병원에 입원해서 주사를 맞아야 하는데 그렇다면 임신 12주가 될 때까지 이를 되풀이해야 한다는 말인가?

그제야 나와 남편은 상황이 예상 외로 심각하다는 사실을 깨달았다. 임신 때문에 길게는 두 달이나 일을 그만두어야 하는 걸까?

나는 집으로 돌아와서 인터넷을 검색했다. 미국과 유럽, 대만에서는 입덧으로 고생하는 임신부에게 약을 처방하는 의사가 더러 있다. 하지만 입덧을 가라앉히는 약은 임신 중 복용 가능 의약품 중에서 B급, C급에 해당한다. 임신부가 이 약을 먹으면 태아에게 해가 된다고 공식적으로 확인된 것은 아니다. 그러나 아주 낮은 확률이지만 태아에게 나쁜 영향을 줄 수도 있다는 것이다.

그날 이후 며칠 동안 우리 부부와 시어머니는 다른 병원과 약국에 이 일을 문의했다. 모든 사람들이 이구동성으로 이렇게 말했다.

"약 먹지 말아요. 12주만 버티면 좋아질 거예요."

남편과 시어머니는 심지어 의사와 간호사에게 야단까지 맞았다.

"그 약을 먹으면 기형아가 될 수도 있는데 그걸 먹겠다고요?"

그렇게 해서 기형아가 될지도 모르는 수만 분의 일, 수십만 분의 일의 확률 때문에 우리는 약을 먹는 것을 포기했다. 제약 분야에서 세계적으로 명성을 떨치고 있는 이곳 이스라엘에서 나는 '약으로 치료할 수 없는' 입덧 때문에 불치병 환자가 되고 말았다.

사흘 뒤, 나와 남편은 약 찾는 일을 포기했다. 그리고 현실을 직면하고 우리 앞에 놓인 문제에 대해 의논했다.

만약 내가 임신 12주까지 입덧을 하게 된다면 앞으로 한 달 반 동안 직장은 어떻게 할 것이며, 이제 막 두 돌이 지난 노야는 어떻게 돌볼 것인가?

임산부를 위한 직장의 배려

나는 우선 유치원 원장님께 전화를 걸어 나의 상황을 설명했다. 원장님은 아무 말 없이 내 얘기를 들으시더니 한참만에 말문을 여셨다.

"노야 어머니, 우선 임신 축하해요. 그리고 임신했다고 해서 해고될 거란 걱정은 하지 말아요. 만약 내가 당신을 해고한다면 그때는 법원에 나를 고소해요. 그러면 나는 엄한 처벌을 받고 유치원의 명성도 무너질 테니."

그는 농담 반 진담 반으로 내게 말했다.

"입덧이 심해도 의사가 엄마나 태아 건강에 아무 이상이 없다고 한다면 그냥 견디세요. 그리고 내 경험으로 볼 때, 임신 12주 이내에 직장으로 돌아오는 건 어려울 것 같군요. 그러니 우선 12주까지 병가를 신청해요. 때가 되면 상황을 보고 다시 방법을 생각해보죠."

나는 원장님의 말에 어안이 벙벙했다. 어떤 고용주가 한 달 반 동안 병상에 누워 있겠다는 직원을 받아들일 수 있단 말인가? 아무리 봐도 이렇게 좋은 고용주를 만난 것은 하늘이 주신 축복이었다.

이제 남은 문제는 집안일과 큰딸을 돌보는 일이었다.

지금까지는 내가 노야를 유치원에서 데려오고, 아이를 데리고 공원에 놀러가고 TV도 함께 보았다. 오후 5~6시가 되어 남편이 퇴근하고 돌아오면 둘이서 함께 집안일을 하곤 했다. 그러나 둘째를 임신한 후에는 입덧이 너무 심해서 몸을 가누기조차 어려웠다. 그래서 남편이 아침에 노야를 유치원으로 보내고 오후 4시에 데리러 가야 했다. 게다가 낮에는 침대에서 일어나지 못하는 나를 위해 집으로 와서 점심을 챙겨주고 직장으로 돌아가서는 집에 혼자 있는 내가 혹시 기절하지는 않았는지 수시로 확인해야 했다. 이것은 곧 남편이 매일 늦게 출근하고, 낮에 하던 일을 멈추고 자리를 비워야 한다는 뜻이다.

남편은 곧장 직장 상사와 이 일을 의논했다. 그리고 동료들에게 내가 임신오조라는 사실을 알리며 양해를 구했다. 근무 시간이 딸이 잠든 뒤인 저녁 9시로 바뀌었으니 필요한 일이 있다면 늦은 시간이라도 자신에게 전화하라는 말도 전했다.

남편이 발 벗고 나선 것도 모자라 회사사람들까지도 선뜻 우리를 도와주겠다고 했다. 그들의 배려에 나는 내가 얼마나 운이 좋은 사람인지 다시금 깨달았다. 이렇게 해서 우리 두 사람은 각자의 직장에서 양해를 얻었다.

그 뒤로도 나는 입덧을 계속 했고 사나흘에 한 번씩 병원에 가서 링거를 맞았다. 몸은 힘들었지만 그들에게 감사하는 마음은 잊지 않았다.

임산부가 행복한 나라

입덧하는 기간이 길어지는 만큼 전혀 생각지도 못한 도움이 쉼 없이 이어졌다.

남편은 예기치 못한 일로 점심시간에 집에 와서 나의 식사를 챙겨주지 못할 때가 있었다. 나는 과자로 대충 끼니를 때울 생각이었는데 그때마다 시어머니, 남편의 동료가 음식을 가져다주었다.

"먹을 수 있을 때 먹어두렴. 나중에 속이 안 좋더라도 먹은 게 있어야 토할 수 있지."

내가 따뜻한 음식을 좋아한다는 것을 잘 아는 시어머니가 점심을 챙겨주시며 말씀하셨다. 남편 동료는 휴대폰으로 내게 도착 시간을 알려준 뒤도시락을 현관 앞에 놓고 떠났다. 아무 예고도 없이 불쑥 찾아오면 내가침대에서 일어나 현관문을 여느라 서두를 것을 걱정했기 때문이다.

이 기간 동안 가장 고생한 사람은 다름 아닌 큰딸 노야였다. 노야는 왜엄마가 갑자기 어느 날부터 자신과 공원에 나가지 않는지, 심지어 자신을보고도 안아주지 않는지 이해하지 못했다. 아이의 정서는 점점 불안정해지더니 나를 볼 때마다 투정을 부렸다. 유치원에서도 별것도 아닌 일에 울고보채서 선생님들이 골치를 앓았다.

이렇게 아무런 방법도 찾지 못하고 끙끙대고 있을 때 나의 직장 동료와 이웃들이 도와주겠다고 나섰다.

시어머니는 주말에 노야를 시댁으로 데리고 가서 함께 놀아주셨다. 직장 동료, 노야의 유치원 친구의 엄마 역시 유치원이 끝나면 우리 애를 집으로 데리고 가서 시간을 보냈다. 이렇게 해서 노야는 유치원이 끝나고 집으로 돌아오자마자 아파 누워있는 엄마를 마주하지 않아도 됐다.

그뿐이 아니었다. 이웃들도 수시로 전화를 해서 노야를 집으로 초대했다. 때로는 아이에게 저녁까지 먹여 보내는 집도 있었다. 그리고 어떤 엄마는 만약 내가 응급실에 가야할 일이 생기면 자신의 남편이 나를 병원에 데려다주겠노라는 제안까지 했다.

나는 태아의 건강을 위해 (입덧을 멎게 하는) 약도 못 먹고 두 달 가까이 입덧 때문에 몸져누워 있어야 했다. 그렇지만 내 주변 사람들은 약을 먹지 않겠다는 내 결정을 지지했고 도움의 손길을 내밀었다. 그 덕분에 나는 별다른 걱정 없이 힘든 시기를 넘길 수 있었다.

문화가 다르고 언어도 서툰 데다 내성적인 성격 탓에 나는 이곳 이스라엘에 친구가 많지 않다. 둘째를 임신했던 기간 동안 적극적으로 나서서 도움을 준 직장동료와 이웃들을 보며 비록 낯선 땅에 살고 있지만 과거 어느 때보다도 따뜻한 인정을 느꼈다. 나는 자신이 너무나 행복한 사람이라는 생각이 절로 들었다.

이스라엘의 출산율이 높은 이유

임산부의 고충을 이해하고 포용해주는 이스라엘의 사회적 분위기, 직장의 유연하고 너그러운 인사정책을 생각하면 나는 정말 행운아라고 남편에게 말한 적이 있었다. 그는 내 말을 듣더니 피식 웃었다.

"당신이 운이 좋다고 생각해? 말도 안 되는 소리. 나와 당신 상사가 우리한테 특별히 우대해준 건 아무것도 없어. 어떤 사람은 자연적으로 임신이 안 돼서 치료를 받아야 하고, 어떤 사람은 유산의 위험 때문에 병원에 입원하기도 하지. 이런 일은 직장에서 자주 보는 문제들이야. 임신해서 입덧 때문에 몸져누운 사람이 당신이 결코 처음은 아니라고. 직장 상사들은 그동안 해왔던 관례에 따라 일을 처리했을 뿐이야."

남편은 이어서 이렇게 말했다.

"동료들과 이웃들이 도와준 것도 그들이 특별히 사랑이 넘치거나 우리가 좋은 사람들을 만나서가 아니야. 당신도 이스라엘에서 좀 더 살다보면 임신부나 아기가 곤란에 처했을 때 그들을 도와주게 될 거야. 이스라엘 사회는 임신부 보살피는 것을 당연한 일로 여기고 있으니까. 그렇지 않고서야 어떻게 이스라엘의 출산율이 이렇게 높을 수 있겠어?"

아하! 그의 말을 듣고서야 그동안의 의문이 한 번에 풀렸다. 2009년 세계은행의 자료에 따르면, 이스라엘의 출산율, 즉 가임여성 한 명이 낳은 아기의 수는 2.96명으로 선진국 중에서 가장 높다. (참고로 한국 1.28명, 일본 1.37

이스라엘에는 '셋째 아이는 국가에서 대학졸업까지 책임진다'와 같은 출산장려정책도 없고, 출산에 소요되는 비용 또한 적지 않다. 그래서 나는 이스라엘의 높은 출산율이 피임을 하지 않는 유대인 가정과 아랍인 가정에서 비롯된 줄 알았다.

둘째를 임신하고 나서야 의사, 고용주 그리고 이웃 등 내 주변 사람들이 어떻게 임신부를 대하는지 확실히 알게 되었다. 출산율 문제는 고학력 여성에게 아이를 가지라고 독려하거나 셋째 아이를 낳으면 장려금을 주겠다는 정부의 정책으로 해결될 일이 아니다.

가장 효과적인 방법은 사회 구성원 모두가 '힘과 노력을 기울여 임신한 여성을 돌봐야한다'는 데 생각을 같이하는 사회를 만드는 것이다.

산부인과를 내 집처럼

아무리 좋은 시설을 갖추었다고 해도 병원이 집처럼 느껴질 수 있을까? 이스라엘은 이민자의 비율이 높다보니 혈혈단신으로 이 낯선 곳에서 새로운 생활을 시작한 사람이 많다. 이들에게는 가족과 친구의 따뜻한 정과 도움이 너무나 절실하다. 그래서 산부인과의 의사와 간호사는 환자를 치료하는 일 외에 환자의 '또 다른 가족'이 되어 준다. 이스라엘의 병실은 정말 내 집 같은 곳이다.

내가 사는 지역은 홍해(Red Sea)와 가깝고, 남부에 위치한 대도시 에일라트(Eilat)와 인접해 있다. 이스라엘의 '대도시'는 대만에서 늘 보던 그것과는 다르다. 이 나라는 면적이 좁고 인구도 약 780만 명으로 적은 편이다. 그래서 대도시라고 해도 거주 인구가 5만 명에 불과하다. 그렇다보니 이 도시에 대형 병원은 단 한 곳밖에 없다.

임신한 이후로 이 지역병원을 수도 없이 드나들었다. 이곳에서 처음 임신 진단을 받았고, 본인 부담으로 초음파 검사를 받았으며 양수 검사도 했다. 그 후 분만실을 둘러보고 간호부장을 만나 분만 과정은 물론 분만 시 병원이 어느 부분까지 개입하고 내게 어떠한 결정권이 주어지는지에 대해 상담했다. 임신 후기에 접어들어 집에서 태동이 느껴지지 않을 때마다 곧바로 병원에 가서 검사를 받았다. 이렇게 아홉 달 동안 내 집 드나들 듯 병원 산부인과를 다니다 보니 어디에 뭐가 있고 누가 일하고 있는지까지 손바닥 보듯 훤히 알게 되었다.

산부인과의 실세는 간호사

나의 주치의는 러시아계 유대인으로 곰처럼 덩치가 컸다. 임신 말기에 태동검사를 하러 병원에 갔을 때 전날 숙직을 한 뒤 아침 회진을 도는 그와 몇 번 마주친 적이 있었다. 잠에서 막 깨어나 부스스한 얼굴에 면도도 하지 않은 듯했다. 그는 슬리퍼를 신은 채 흰 가운을 걸치고 산부인과 병동을 돌거나 가끔씩 간호사들과 실랑이를 벌이기도 했다. 말쑥한 옷차림에 위엄을 풍기는 대만의 의사와는 매우 달랐다. 그는 사람들에게 다정하고 친절한데 한 가지 문제가 있다면 영어를 못한다는 것이다. 히브리어가 서툰 내가 정기 검진을 받을 때 남편이 같이 오지 않으면 그는 간호사를 불러 통역을 맡겼다.

사실 산부인과의 실세는 간호사다. 나는 이 병원 산부인과 간호사들을 무척 좋아한다. 그들은 늘 미소를 잃지 않고 엄마가 자식을 대하듯 환자를 안아주고 친근하게 그간의 안부를 묻는다. 이스라엘에는 조산사 제도가 없고 분만 과정 대부분을 간호사가 집도한다. 의사는 필요한 경우에 호출한다. 그래서인지 간호사들은 의사를 어려워하지 않는다. 한번은 간호사가 내 주치의가 쓴 처방전의 글씨를 알아보지 못하자 곧바로 진료실로 달려가 의사에게 물었다. 내용을 확인한 간호사는 문 앞에서 이렇게 말했다.

"선생님, 히브리어 실력이 엉망이네요. 글씨도 삐뚤빼뚤하고… 아무래도 초등학교 1학년으로 돌아가서 다시 배워야겠어요."

이 말을 들은 진료실 안팎의 환자들은 병원이 떠나갈 듯 웃었다.

이곳의 병실은 내게 특별한 곳이다. 큰애를 낳고 병원에 입원했을 때의 일들이 지금도 생생하게 떠오른다.

노야를 낳을 때, 처음에는 자연분만을 할 생각이었다. 그러나 양수가 터진 지 24시간이 넘고 구토가 시작되자 결국 제왕절개로 아이를 낳았다. 분만 후 수술실에서 실려 나왔을 때 나는 몸도 마음도 지칠 대로 지쳐 있었다. 수술실 밖에서 기다리던 남편은 나를 보자 한걸음에 다가왔다.

"여보, 엄마가 된 걸 축하해."

그는 기쁨을 감추지 못했다.

"아주 튼튼하고 예쁜 공주님이야. 방금 애기 안아보고 사진도 찍었어!"

"저기…."

남편이 아기 얘기하느라 신이 난 걸 알면서도 나는 그의 말을 끊었다.

"여보, 나 너무 춥고 기운이 없어. 그냥 자고 싶어. 당신 일단 집으로 가지 그래? 우리 내일 얘기하자."

이 말도 겨우 할 수 있을 정도로 나는 기운이 없었다. 마음 같아서는 남편에게 수술실에서 느꼈던 공포와 딸아이를 처음 보았을 때의 기쁨을 말하고 싶었다. 하지만 24시간 동안 산고를 겪고 나니 나는 그저 자고 싶었다. 수간호사가 와서 내 상태를 점검했다.

"지금 매우 지친 상태인 데다가 열도 좀 있어요. 아무래도 ○○를 맞으시는 게 좋겠네요. 해열과 진통에 효과가 있고 약 성분이 강하지 않아요. 맞고 나면 잠이 잘 올 거예요."

나는 주사 이름을 제대로 듣지 못했지만 무조건 고개를 끄덕였다. 그저 잠을 잘 수만 있다면 그걸로 족했다. 그렇게 이름도 모르는 주사를 맞고 간호사에게서 담요 세 장을 더 받은 뒤 나는 깊은 잠에 빠져들었다.

샤워실까지 따라오겠다고?

눈을 떠보니 사방이 캄캄했다. 주변을 살펴보니 다른 병실이었고 내 침대는 출입문 바로 옆이었다. 아마도 내가 잠이 든 뒤 남편이 병실을 옮기고 정리를 해놓은 모양이었다. 이리저리 더듬어 봐도 손목시계나 휴대폰을 찾을 수 없어서 몇 시인지 도통 감을 잡을 수 없었다. 나는 속으로 헤아려보았다. 저녁 9시 넘어 잠이 들었고 지금 충분히 자고 깨어났으니 아마도 곧 해 뜰 때가 되었겠지?

나는 주사를 맞은 뒤로 줄곧 침대에서 일어나지 않았다. 너무 누워만 있으니 몸이 무거워서 침대에서 내려와 걷고 싶었다. 소변배출호스도 무척 거북했다. 하지만 내 몸을 혼자서 추스를 자신이 없어서 아무래도 간호사를 불러야 될 것 같았다. 한참을 고민하다가 손을 뻗어 호출버튼을 눌렀다.

얼마 후 잠이 덜 깨서 얼굴이 부스스한 나이 든 간호사가 들어왔다.

"침대에서 내려오고 싶어서요…."

내 말이 채 끝나기도 전에 간호사가 손을 들어 올리며 저지했다.

"안 돼요, 아침 8시에 다른 간호사가 와서 샤워실로 데리고 갈 거예요."

그녀의 목소리는 무척 단호했다.

"지금 몇 시죠?"

내가 물었다.

"새벽 3시 20분이에요. 좀 더 자두는 게 좋을 거예요."

간호사는 이렇게 대답하고는 곧 나가버렸다.

3시 20분! 어쩐지 퉁명스럽더라니. 아마도 내가 호출하는 바람에 자다 깬 것이 분명했다. 앞으로 다섯 시간이 남았는데 어떡하지? 억지로 다시 잠을 청할 수밖에 없었다. 나는 숨을 깊이 내쉬며 눈을 감고 양을 세기 시작했다. 양 한 마리, 양 두 마리….

드디어 아침 8시가 되었다. 간호사 한 명이 물 한 컵과 약 두 알을 가지고 내 침대로 다가왔다.

"하나는 항생제고 하나는 자궁을 수축하는 데 좋은 약이에요. 약 다 드시면 제가 아침식사 가져다 드릴게요. 식사 마치시면 샤워 도와드릴게요."

뭐라고? 샤워하는데 간호사가 따라온다고? 나는 남편이나 다른 가족이 따라가면 안 되냐고 물었다.

"가족들이 언제 오시는데요?"

외국인인 나를 빤히 쳐다보며 그녀가 물었다.

유대인은 전통적으로 아기가 무사히 태어난 뒤에야 아기 방을 준비한다. 남편과 시어머니는 아침 일찍부터 쇼핑하러 나가서 아무리 빨라도 오후에야 나를 보러 올 수 있었다.

"오후까지 기다리시게요? 어제 토한 게 머리카락에 다 묻었어요. 샤워하고 나면 몸도 한결 개운할 거예요. 그러고 나서 애기도 보러 가고 모유 수유도 시작하셔야죠."

기분 탓일까? 간호사는 '같이 가줄 가족이 없는 거 진작부터 알아봤어'

라는 듯한 표정을 짓고 있었다.

출산 후 부끄러움은 잠시 접어두세요

아침 식사를 마치고 간호사의 부축을 받으며 샤워실로 향했다. 옷을 벗기 위해 문을 닫으려는 나에게 그녀는 문을 닫지 말라고 말했다.

"네? 문을 닫지 말라고요?"

나는 어리둥절해서 물었다.

"제가 샤워실까지 따라온 건 환자분의 안전을 확인하기 위해서예요. 환자가 바닥에 미끄러지거나 정신을 잃고 쓰러지는 일도 있거든요. 어제 저녁에 수술을 마치셨잖아요? 건강한 사람도 아니니 더욱 조심하셔야죠. 가족이 따라와도 저희는 이렇게 옆에서 지키고 있어요."

나는 고개를 끄덕이며 순순히 옷을 벗기 시작했다. 기운이 없다보니 내 몸이 내 몸 같지 않고 남편마저 곁에 없으니 더욱 힘이 들었다. 그러나 지금 이 상황에서 다른 방법이 없으니 낯선 사람 앞에서 옷을 벗어야 하는 부끄러움은 접어두기로 했다.

출산을 하고 나면 산모는 본의 아니게 다른 사람에게 자신의 치부를 드러내야 한다. 나의 담당 간호사는 아무런 불평도 없이 속옷을 벗겨주고 머리에 샴푸를 부어주고 수건을 건네주었다. 시시때때로 물의 온도나 서 있는 자세에 대해 주의를 줬다. 샤워를 마치자 허리 굽히기가 불편한 나를 위해 수건으로 내 발을 닦아주고 옷 입는 것을 도와주었다.

샤워실로 들어간 뒤부터 나올 때까지 나의 심경은 놀람, 부끄러움에서 시작해서 감사로 바뀌었다. 생각해보니, 가족이 따라왔어도 할 수 있는 일은 이 간호사보다 많지 않았을 것이다.

외국인 산모의 외로움

샤워를 마치고 나니 몸이 한결 개운해져 마치 다시 살아난 느낌이었다. 병실로 돌아가는 길에 간호사에게 고맙다는 인사를 했다.

"고맙기는요. 입원 기간 동안 이곳을 내 집처럼 생각하시면 돼요."

친절한 웃음을 지어보이며 그녀가 대답했다.

"아직은 혼자서 화장실에 가거나 샤워하기가 어려우실 거예요. 주저하지 마시고 저희한테 말씀하시면 사람을 곧 보내드릴게요."

간호사의 말을 듣자 나는 감탄이 절로 나왔다.

'세상에 이렇게 속 깊은 간호사가 다 있을까!'

그때까지 나는 그녀가 말했던 '병원을 내 집처럼 생각하라'는 말의 의미를 이해하지 못했다. 그래서 속으로 화장실에 가고 샤워하는 건 아무래도 나 혼자서 해결해야겠다고 생각했다.

병실로 돌아와서 남편에게 전화를 걸었다. 그는 아직 아기용품을 구입하는 중이라 저녁 6시에나 병원에 도착할 수 있다고 했다. 전화를 끊고 병실을 둘러보았다. 바로 옆 침대를 쓰는 젊은 엄마에게 가족과 친척들이 찾아왔다. 그들은 갓 태어난 아기와 엄마를 보며 각자 한 마디씩 축하의 인사를 보내며 감탄을 했다. 어떤 사람은 아기가 엄마를 닮았다고 하고, 어떤 사람은 아빠를 닮았다며 옥신각신했다. 아기 엄마의 어머니는 병실이 지저분하다며 간호사에게 청소도구를 받아 온 병실을 쓸고 닦았다.

가족이 서로 아끼고 정을 나누는 모습을 보며 혼자 침대에 누워 낯선 땅에서 아이를 낳는다는 것이 얼마나 쓸쓸하고 외로운지 처음으로 느꼈다.

산모들의 공감 수다

내게는 자상한 시부모님과 친절한 시댁 식구들이 있다. 이스라엘에 온 뒤로 그분들 모두 내가 낯선 환경에 잘 적응하도록 도와주었고 새로운 식구로 맞아주었다. 하지만 다른 때는 몰라도 아이를 낳을 때만큼은 친정 식구들이 곁에 있다면 얼마나 좋을까하는 생각이 들었다. 그러면 진통을 하면서 익숙한 모국어로 의사소통도 쉽게 할 수 있을 테고, 회복하면서 수다도 떨 수 있을 것이다. 사실 몸이 성치 않은 상태에서 낯선 히브리어로 이야기하는 것은 조금 힘들었다.

내가 가족도 없이 혼자 누워있는 게 마음에 걸렸는지 젊은 엄마의 가족들이 내게 관심을 보였다. 애기 엄마의 어머니는 내 침대 쪽으로 와서 안부를 물으며 자신의 딸이 엄살이 심하다며 불평을 했다. 그녀는 내가 히브리어에 서툰 것을 알고 병동을 한 바퀴 돌아 다른 병실에 있는 미국계 유대인 산모 미셸을 데리고 왔다.

미셸에게 들은 바로는, 산부인과 병동에 일곱 명의 환자가 입원 중이었다. 그중 여섯 명은 막 출산을 끝내고 회복 중이고 한 명은 유산의 위험이 있어서 입원했다고 한다. 환자 중 세 명은 러시아에서 이민을 왔고 두 명은 이스라엘 토박이이며 나머지 두 명이 미셸과 나였다.

"에일라트는 워낙 작은 도시라 다들 누가 누군지 알아요."

그녀가 내게 말했다.

점심시간에 그녀는 나를 다른 환자들에게 소개했고 식판에 음식도 담아주었다. 처음 만난 일곱 명의 환자들은 면회실 겸 식당으로 쓰는 휴게실에서 함께 점심을 먹었다. 우리는 출산의 공포와 고통에 대해 이야기했다. 그리고 산후의 통증을 줄일 수 있는 방법이 무엇인지 각자의 경험담과 비법을 공유했다. 모르는 사람이 우리를 보았다면 오늘 처음 만난 사이라고는 도저히 믿지 못할 것이다.

다른 산모들과 이야기를 나누면서 느낀 점 중 하나는 모두들 산부인과 간호사들과 잘 알고 지낸다는 것이다. 모든 간호사의 이름을 아는 것은 물론이거니와 수간호사와 신생아실 담당 간호사의 휴대전화 번호도 알고 있었다. 그래서 무슨 일이 있을 때마다 간호사에게 연락하고 제때 도움을 받을 수 있었다.

아침까지만 해도 나는 가족도 없이 이국에서 아이를 낳은 외국인 산모로서 울적한 감상에 젖어 있었다. 하지만 산모들과 나누는 수다, 나의 상태를 수시로 점검하는 의사와 간호사의 관심과 배려 덕분에 우울감에서 빠져나올 수 있었다.

아이를 잃은 엄마의 슬픔

저녁 무렵에 시어머니와 큰형님네 다섯 식구, 그리고 평소 나와 가깝게 지내던 이웃 두 명이 남편과 함께 찾아왔다. 그들은 나에게 축하인사를 건네고 아기와도 인사를 나누었다. 손님들을 보내고 저녁 8시에 아기에게 누 번째로 모유를 먹인 뒤 잠자리에 들었다.

밤 10시가 넘어 누군가 흐느껴 우는 소리에 놀라 잠이 깼다. 바로 옆 병실에서 새어나오는 소리였다. 나와 같은 병실을 쓰는 젊은 엄마는 영어를 못하기 때문에 히브리어로 내게 자초지종을 설명했다. 하지만 히브리어가 서툰 나는 "정말 안됐어요"라는 말만 알아들었다. 그녀는 곧 자리에서 일어나 옆 병실로 갔다. 나도 수술 부위의 통증을 참고 몸을 일으켜 밖으로 나갔다. 마침 미셸이 복도에서 수간호사와 이야기하고 있었다. 나는 그녀를 붙잡고 무슨 일인지 물었다.

"유산 위험이 있어서 입원한 새댁 있잖아요. 저녁에 갑자기 태동이 안 느껴지더래요. 그래서 검사를 했더니만 태아 심장이 이미 멈췄다지 뭐예요. 배 속에 7개월이나 품고 있던 아기를 잃었으니 얼마나 슬프겠어요. 수간호사님 말이, 그 새댁 부부가 러시아 출신이라 남편이랑 둘이서만 이스라엘에 살고 다른 친척은 아무도 없대요. 그래서 우리라도 다들 새댁한테 가서 위로해주라고 수간호사님이 부탁했어요."

미셸의 말은 계속 이어졌다.

"그런데 제가 상담을 전공한 것도 아니고 어떻게 위로해주죠? 미국에서는 이럴 때 전문 카운슬러나 자원봉사자가 있어서 상담을 맡아하는데 여기 이스라엘은 너무 체계가 없네요. 하지만 우리가 안 가면 누가 가서 위로해주겠어요? 제가 지금 새댁이 어떤지 보고 같이 있어줘야겠어요. 나중에 봐요."

그녀는 이렇게 말하고는 아직도 울고 있는 새댁의 병실로 향했다.

자초지종을 다 듣고서도 나는 어찌할 바를 모른 채 병실 옆 복도에 멍하니 서 있었다. 어려서부터 낯선 사람에게 관심과 사랑을 전달하는 법은 배운 적이 없었다. 그래서 오늘 하루 동안 낯선 사람들로부터 크고 작은 관심과 배려를 받는데도 나는 어떻게 이를 되돌려주어야 할지 몰랐다.

30분쯤 지났을까. 수간호사가 새댁을 데리고 병실을 나왔다.

"자, 용기를 내요. 오늘 밤 모든 비극을 끝내버립시다."

수간호사는 그녀를 수술실로 데리고 가면서 이렇게 말했다. 나는 새댁의 남편이 지금 어디에 있는지, 왜 아내의 곁을 지키지 않는지 모른다. 하지만 오늘 밤 새댁이 가장 고통스런 시간을 보낼 때 수간호사와 다른 환자들이 그녀의 곁을 지켜줄 것이다.

다음 날, 유산 후 배가 납작해진 러시아 새댁은 짐정리를 마치고 휴게실에서 사람들과 작별 인사를 나눴다.

"내년에 이곳에서 다시 만나요."

수간호사가 그녀의 볼에 입을 맞추며 작별을 고했다.

그때 마침 휴게실에서 식사를 하던 나는 용기를 내 그녀에게 다가갔다. 나는 새댁을 꼭 껴안고 모든 일이 잘 되기를 바란다는 축복의 말을 건넸다. 이것이 내가 입원하고 처음으로 그녀에게 건넨 말이다. 그녀는 스스럼없이 나의 포옹을 받아주었고 내 볼에 키스를 하며 잘 지내라는 말을 전했다.

병원을 나서는 그녀의 뒷모습을 보며 이스라엘이 이민국가라는 사실을 다시금 떠올렸다. 매년 이민을 오는 사람들 중 대다수가 나처럼 혈혈단신이다. 그래서 대부분의 공공기관에서 제도나 정책을 만들 때 가족의 도움을 받을 수 없는 이민자들을 배려하는 것이다.

나는 그제야 '병원을 내 집처럼 생각하라'는 간호사의 말이 결코 빈말이 아님을 깨달았다. 이는 의료진과 환자의 관계 그리고 이스라엘 의료시스템의 일면을 가리키고 있었다.

조기 검사가 필요한 이유

조기 치료는 이스라엘 유아교육의 강점으로 꼽힌다. 조기 치료를 위해서는 우선 조기 발견이 필요하며 조기 발견을 위해서는 당연히 조기 검사가 뒷받침되어야 한다. 그런데 태어난 지 이제 막 3~4개월이 지난 아기에게서 쉽게 이상증후를 찾아낼 수 있을까?

큰딸 노야를 유치원 영아반에 보내고 한 달도 안 됐을 때의 일이다. 영아반 주임 선생님으로부터 '영아 발달상황 검사'를 실시한다는 통지를 받았다. 이 검사는 필수적인 것으로 외부에서 모셔온 작업치료사가 영아반에 새로 들어온 아기를 대상으로 물리적인 검사를 진행하고 이를 통해 영아의 성장 발달이 정상인지를 확인하는 것이다. 그의 말에 따르면, 영아에게 감각통합 혹은 심리적, 생리적 측면에 어떤 문제가 있을 경우 생후 3~4개월이 되면 확인이 가능하고 조기에 발견할수록 치료가 쉽다고 한다.

나는 이스라엘이 유아의 조기 치료로 유명하다는 사실을 익히 알고 있었다. 하지만 이렇게까지 일찍 검사할 줄은 몰랐다. 이렇게 어린 갓난쟁이에게서 무엇을 알아낸단 말인가?

검사하는 날이 되어, 나는 의구심을 한껏 품고서 남편과 함께 영아반으로 갔다. 교실로 들어서니 한 선생님이 노야를 안고 우리를 맞아주셨다.

"아기가 많이 지쳤어요. 아직 한숨도 안 잤거든요."

노야를 내게 넘기며 그가 말했다.

이를 어쩌나. 평소 노야는 잠에서 깬 뒤 한 시간에서 한 시간 반이 지나면 다시 잠이 들었다.

"조금 있다 검사하는 중간에 아기가 울면 그때 쓰세요."

선생님은 내게 노야의 유아용 젖꼭지를 건넸다.

우리 딸은 평소에 유아용 젖꼭지를 거의 물지 않았다. 하지만 검사하는데 한 시간 정도 소요된다고 하니 만일을 위해 유아용 젖꼭지를 챙겨두기로 했다.

노야를 데리고 다른 교실로 들어가니 주임 선생님과 치료사가 우리를 기다리고 있었다. 각자 소개를 한 뒤 치료사는 내가 임신하고 출산할 때까지의 과정과 아기의 체중, 성격, 수면 시간 등을 물었다. 기본적인 정보 파악이 끝난 뒤 내가 노야를 치료사에게 넘기면서 검사는 시작되었다.

검사는 재미있는 놀이

치료사는 아기를 카펫에 눕히고 말을 시켰다. 노야는 평소에도 천사 같은 웃음을 지으며 누구를 만나든 상대의 마음을 쏙 빼놓는 사교의 여왕이었다. 오늘은 특히나 낮잠도 자지 않아 졸릴 텐데 치료사를 향해 환한 미소를 지어보였다.

그는 노야의 두 손을 머리 위로 올리고 두 다리를 가슴까지 밀어 당겼다. 아마도 신체의 유연성을 확인하는 테스트인 것 같았다. 치료사가 자신과 놀아주는 줄 알고 아이는 연신 까르르 웃었다.

이어서 그는 장난감 하나를 들어 올려 노야가 주목하기를 기다린 뒤 앞, 뒤, 좌, 우로 옮기며 아이의 눈동자와 머리가 장난감을 따라 움직이는지를 관찰했다. "좋아요!"라고 치료사는 장난감을 내려놓으며 말했다.

다음으로 장난감을 아기가 집을 수 있는 곳에 두었다. 그러자 노야는 손을 뻗어 장난감을 집어서 입으로 가져갔다. 바로 이때 치료사는 또 다른 작은 장난감을 이용해서 아기의 머리 양쪽에 번갈아가며 소리를 냈다. 딸은 소리에도 아랑곳없이 제 손에 든 장난감을 가지고 놀았다. 이 모습을 본 그는 만족한 듯 장난감을 집어넣었다.

엎드리는 걸 싫어하는 아이

드디어 가장 어려운 검사가 시작되었다. 치료사는 노야의 몸을 한쪽으로 밀어서 아기가 허리힘으로 몸을 뒤집도록 했다. 이제부터 노야가 어떻게 기어 다니는지를 검사하는 것이다.

아기는 엎어지자 곧 두 손을 앞으로 뻗고 머리를 바닥에 붙인 채 일어나지 못했다. 그러고는 힝힝 소리를 냈다. 엄마인 나는 곧바로 노야가 무척 피곤하다는 것을 알아챘다. 딸은 몸이 고단할 때마다 머리를 바닥에 댄 채 일어나지 못하고 저렇게 힝힝 소리를 냈다. 이제 곧 울음을 터뜨릴 게 뻔했다. 나는 마음이 불안해졌다.

"제 생각에 오늘 검사는 여기까지만…"

아무래도 검사 날짜를 잘못 고른 듯하니 다음에 다시 검사해야겠다고 생각했다. 그런데 내 말이 다 끝나기도 전에 치료사가 말했다.

"다들 보셨지요? 아기 다리의 힘이 너무 세서 엎드려 있을 때 두 다리를 조금만 들어 올려도 상반신 전체가 바닥으로 쏠리는 거예요. 이때 손과 머리 부분을 들어 올리지 못하니 아기가 갑갑한 거죠. 그럴수록 발에 더 힘을 주게 되고 머리와 손은 더욱 지탱이 어려워지는 겁니다."

그는 노야의 상체를 쿠션 위로 올려주고 하체는 카펫 위에 그대로 두었다.

"어때요? 이제 편해 보이죠?"

치료사는 작은 장난감을 아이에게 내밀었다. 엎드려 있던 노야는 손을 뻗어 장난감을 집고 다시 놀기 시작했다.

"최근 많은 영아들이 이와 같은 문제를 보이고 있어요. 아기들은 보통 엎드려 있는 것을 싫어하고, 부모 역시 아이가 싫어하니까 천장을 향해 반듯하게 눕히기만 하지요. 그러다 보니 엎드려서 팔로 몸을 지탱할 힘이 길러지지 않는 겁니다."

나는 그의 말에 깜짝 놀랐다. 아닌 게 아니라 노야는 엎드려 있는 것을 싫어했다. 내가 아기를 엎어서 뉘우면 1분도 못 되어 울음을 터뜨렸다. 우는 딸을 보면 마음이 아파서 곧바로 몸을 돌려놓았다.

그래서 많은 사람들이 내게 마음 단단히 먹고 노야에게 기는 연습을 시키라고 충고했지만 언제나 실패로 끝나고 말았다. 아이가 생후 3개월이 되었을 때는 엎드려 있었던 적이 없어서 머리도 들어 올리지 못하고 손으로 몸을 지탱하지도 못했다.

오른손, 왼손의 균형있는 발달을 위해

"앞으로는 쿠션을 아기 가슴 앞에 두세요. 팔의 근육을 키우는 데 도움이 됩니다."

그는 설명하는 동안에도 장난감을 들어 오른쪽, 왼쪽으로 돌리며 노야와 놀아주었다. 머리가 장난감을 따라 오른쪽으로 돌자 나를 발견한 딸이 시선을 고정했다. 치료사가 장난감을 계속 움직였지만 노야는 더 이상 장난감에 눈길을 주지 않았다.

그는 아기의 몸을 반대 방향으로 돌렸다. 그러자 노야는 왼쪽에서 오른쪽으로 고개를 180도로 돌렸다. "엄마를 알아보네요. 좋아요, 좋아!" 하고 치료사가 환히 웃으며 말했다.

이어서 그는 노야를 다시 엎어 뉘였다. 우리 딸은 갑자기 차력사처럼 '한 손으로 팔굽혀펴기' 자세를 취했다. 왼쪽 팔을 뒤로 뻗고 온 몸의 체중을 오른손으로 지탱하는 것이었다. 그런데 바닥을 짚고 있는 오른손은 손가락을 펴지 않고 주먹을 쥐고 있었다.

치료사는 노야를 유심히 보더니 고개를 돌려 우리에게 설명했다.

"이 시기의 영아는 아직 오른손잡이 혹은 왼손잡이로 고착되지 않은 상태예요. 그러니 아기가 두 손을 고르게 쓰도록 해야 합니다. 노야는 오른손을 지나치게 자주 쓰는데 그건 좋지 않아요. 이 아이는 왼손잡이일 수 있는데 현재 외부의 환경 때문에 계속 오른손을 쓰고 있어요. 이렇게 되면 나중에 오른손만 쓰게 됩니다."

이어서 우리는 노야가 왼손보다 오른손을 더 자주 쓰는 원인에 대해 이야기했다. 치료사에 의하면, 침대의 위치 혹은 아기 안는 자세 등이 원인이 될 수 있다고 한다.

"장난감을 아기의 왼쪽에 두세요. 손을 잡을 때도 왼손을 잡고, 잠잘 때 머리 방향을 왼쪽, 오른쪽으로 바꿔주세요. 계속 한 방향으로 하지 마시고요."

그는 아기가 두 손을 고르게 사용할 수 있는 방법을 알려주었다.

노야가 집에서 차력쇼를 자주 하기 때문에 오른손을 자주 쓴다는 사실을 나는 이미 알고 있었다. 하지만 이를 교정해주어야 한다고는 전혀 생각지 못했다.

"그리고 노야가 손바닥을 펴지 않아요. 그건 손바닥에 충분히 자극을 받지 못했기 때문이에요. 자신에게 손바닥이 있다는 것을 느끼지 못하기 때문에 사용하지 않는 거죠."

치료사는 손바닥 마사지 시범을 보여주었다.

그랬구나! 어쩐지 노야가 젖병을 잡을 때 매번 손가락 끝으로 잡지 손바닥 전체를 젖병에 붙이고 잡지 않았다. 나는 이때껏 딸이 고상하게 우유를 먹는다고 생각했는데 알고 보니 자신의 손바닥을 감지하지 못했던 것이다.

검사가 여기까지 진행되자 이미 세 시간이 넘게 잠도 안 자고 버티던 노야가 마침내 울음을 터뜨렸다. "엄마 품으로 돌아갈 시간이네요"라고 말하며 치료사는 딸을 내게 넘겼다.

나는 아기를 안고 유아용 젖꼭지를 입에 물린 뒤 엉덩이를 토닥였다. 몇 분도 지나지 않아 노야는 내 품에서 잠이 들었다.

"오늘 검사는 여기까지 하겠습니다. 며칠 지나서 검사 결과를 댁으로 보내드릴게요."

잠이 든 노야를 보던 그가 나를 바라보며 말했다.

아이는 부모의 거울이다

치료사가 나를 보며 마지막으로 미소 지을 때, 왠지 나도 평가를 받는 느낌이 들었다.

며칠이 지나고 쉬는 시간을 이용해 유치원 원장님과 이번 검사에 대해 이야기를 나눴다. 나는 미심쩍은 마음을 그대로 드러냈다.

"이렇게 이른 시기에 하는 검사가 정말 소용이 있나요?"

"그럼요. 이 검사는 이미 수년 째 실시하고 있어요. 물론 이 검사가 불필요하다고 생각하는 사람도 있지요. 하지만 우리처럼 교육 일선에서 일하는 사람의 입장은 다르답니다. 과학적인 방법으로 아기를 관찰하고 검사하는 것이 아기와 부모에게 좋은 일이에요. 영아에게 청력이나 시력에 이상은 없는지, 감각기관의 통합에 문제는 없는지, 자폐증이나 발달지체의 징후가 없는지 대부분 이 검사에서 발견할 수 있어요. 영아반의 타마르만 보더라도 조기 검사의 중요성을 알 수 있죠."

타마르는 내가 일하고 있는 만 1세반에서 가장 어린 원생으로 금발에 푸른 눈을 한 여자아이다. 만약 사진 속의 타마르를 본다면 대부분의 사람들은 그저 귀엽고 예쁜 아이라고 생각할 것이다.

그러나 그 아이는 감정 기복이 너무나 크다. 매일 유치원에서 보내는 9시간 동안 소리를 지르거나 목 놓아 우느라 조용하게 지내는 시간이 거의 없다. 타마르는 두 돌이 지났는데도 치아가 제대로 자라지 않았고 아직 구강기를 벗어나지 못했다. 그래서 무슨 물건이든 손에 쥐면 곧바로 입으로 가져갔다.

아이는 낯선 사람을 특히 경계하기 때문에 오랜 시간이 지나서야 새로운 선생님을 받아들인다. 작년 8월에 영아반에서 만 1세반으로 올라왔을 때 타마르가 아는 사람은 나밖에 없었다. 그래서 내가 어디를 가든 그림자처럼 따라다녔다. 내가 시야에서 벗어나면 바닥에 드러눕고 소리를 질렀기 때문에 나중에는 내가 그 애의 전속 교사가 될 지경이었다.

타마르가 우리 반에서 가장 어리기 때문에 나는 그저 어려서 그러려니 했다. 그러나 엄마가 되어 아기를 키우다보니 타마르의 심신 상태를 바라보는 시각이 조금씩 달라졌다.

예를 들자면, 갓난아기와 만 1세가 넘은 아이는 자기가 좋아하는 사람을 보면 각기 다른 반응을 보인다. 돌이 지난 아이들은 상대방의 이름을 크게 부르고, 그를 향해 뛰어가서 안긴다. 성격이 내성적인 아이는 못 본 척하거나 그가 자신에게 다가와 말 걸어주기를 기다린다. 이것이 일반적인 아이들의 반응이다.

갓난아기는 어떨까? 우리 집 노야는 내가 엄마임을 알고부터는 자다 깨서 울다가도 나를 보면 환하게 웃고 기분이 좋은지 주먹을 쥐고 발을 찬다. 가끔씩 아이돌을 만난 십대 소녀팬처럼 소리를 지르기도 한다. 이것이 갓난아기의 일반적인 반응이다.

타마르가 가장 좋아하는 사람은 아빠이다. 아빠를 볼 때마다 아이는 소리를 지르고 갑자기 바닥으로 엎어졌다가 다시 벌떡 일어나 이리저리 돌아다닌다. 그러나 그에게 다가가지는 않는다.

그렇다. 만 1세가 지난 타마르는 아직도 갓난아기 단계에 머물러 있다. 걷거나 뛸 수 있는 신체만큼 정신이 성장하지 못한 것이다.

"타마르는 생후 3개월 검사에서 뽀뽀, 포옹, 마사지와 같은 다양한 신체 접촉이 필요하다고 나왔어요. 그리고 엄마가 아기에 대한 인내심이 부족하고, 아기가 울면 어쩔 줄을 모른다는 것도 검사를 통해 알 수 있었죠."

아이에게 나타나는 대부분의 문제는 부모의 양육 능력에서 비롯된다. 문제가 있는 부모에게서 자녀는 그때그때 필요한 도움과 보살핌을 받지 못하기 때문이다. 어쩐지 노야가 검사를 받던 그날 나마저도 평가를 받는 느낌을 지울 수 없더라니. 엄마와 아기의 관계 또한 검사의 일부였던 것이다.

원장님의 말씀은 계속 이어졌다.

"아이에게 문제가 생겨도 타마르 어머니가 제대로 보살피지 못하니 다른 아이에 비해 성장이 느린 것이지요. 다행인 것은 아이의 문제가 아직은 심각하지 않다는 거예요. 우리가 꾸준히 도와준다면 타마르는 앞으로 정상적으로 학교에 들어갈 수 있고 평범한 아이로 자랄 겁니다."

다행히도 타마르의 엄마는 다양한 검사를 거쳐서 아이에게 필요한 것과 자신의 부족한 점을 깨닫고 유치원 선생님과 치료사에게 도움을 받기로 했다.

'다행이다!'

나는 타마르를 생각하며 이렇게 혼잣말을 했다.

억지로 먹이는 것은
폭력이다

아이가 자라기 위해선 먹어야 한다. 그렇기 때문에 자녀가 음식을 남기

거나 거부할 경우 부모는 어떻게 해서든 먹이려 한다. 그러나 이스라엘

사람들로부터 자주 듣는 말은 사뭇 달랐다.

"아이 자신의 손으로 먹게 하라. 억지로 먹이는 것은 어른이 아이에게

행사하는 폭력이다."

출산 후 병원에 입원해 있는 동안 노야에게 처음 젖을 물렸다. 아이는 한 시간 동안 젖을 빨았는데도 배가 차지 않자 울음을 터뜨렸다. 간호사는 내가 출산 전 무통분만 주사를 맞고, 나중에 제왕절개 수술을 받은 데다 발열 때문에 항생제 주사까지 맞아 모유가 부족하다고 판단했다. 그래서 나는 하는 수 없이 딸에게 분유를 먹였다.

퇴원한 뒤 집에서 두 시간마다 딸아이에게 젖을 먹이려고 여러 차례 시도를 했다. 아기가 배가 고프든 고프지 않든, 놀고 있든 잠을 자든 가리지 않고 어떻게든 젖을 먹이려고 했다. 그리고 나 역시도 아기에게 젖을 먹이지 않을 때는 젖을 짜려고 시도했고 다른 사람들에게 모유 수유에 관해 도움을 구했다.

하지만 이미 나 자신의 문제가 무엇인지 알고 있었다. 바로 모유량이 부족했던 것이다. 그래서 모유를 먹인 뒤 노야가 조금만 보채도 분유를 먹였다.

그럴 수밖에 없는 것이 2주일 동안 모유만 먹이겠다고 시도해보았지만 결국 우리 모녀 모두 잠도 제대로 못 자고 서로 감정만 상하고 말았기 때문이다.

모유를 고집할 필요는 없다

이스라엘 친구 루니가 우리 집으로 찾아왔다. 지난 2주 동안 모유 수유를 하겠다고 갖가지 방법을 시도했지만 결국 실패했다는 이야기를 들은 그녀는 지칠 대로 지친 우리 모녀를 보며 이렇게 물었다.

"왜 그렇게 모유에 집착하는 거야?"

"뭐라고? 모유가 아기 건강에 좋다고 다들 그러잖아."

이스라엘에서 모유를 수유하는 것은 대부분의 엄마들에게는 지키지 않으면 안 되는 신성한 계율과도 같았다. 나는 세 아이를 낳고 아이들 모두에게 모유만 먹인 루니를 의아하게 쳐다보며 말했다.

"모유에는 분유가 대체할 수 없는 성분이 많다고 하잖아. 모유를 먹고 자란 아이는 알레르기가 거의 없고 면역력도 좋다고."

예전에 읽었던 UN보고서에도 이렇게 쓰여 있었다.

"그래, 맞아. 하지만 엄마들 중에는 모유를 수유할 수 없거나 할 수 있더라도 전적으로 모유만 먹일 수 없는 경우가 많아. 그리고 모유를 먹이지 못하는 게 죽을죄는 아니라고. 엄마들은 각자 자기와 아기에게 맞는 방식을 찾아야 해. 아기에게 가장 필요한 것은 뭐니 뭐니 해도 사랑이지, 모유가 아니야."

루니는 나를 다독이며 말했다.

"이렇게 아무 때고 아이한테 모유를 먹이는 것은 어떤 의미에서는 폭력이야."

그녀는 재차 강조했다.

"모유 짜는 시간에 노야를 더 안아줘. 아기가 엄마의 품과 사랑을 느끼는 게 더 큰 도움이 될 거야."

루니의 말을 듣고 나는 모유와 분유를 같이 먹이는 방법을 택하기로 결심했다. 노야가 잠이 들면 저절로 깰 때까지 두고 나도 아기가 자는 시간에 잠을 보충하기로 한 것이다. 틈만 나면 착유기를 가지고 스스로를 고문하는 일은 그만두었다.

내가 생각을 바꾸자 우리 모녀의 관계가 몰라보게 좋아졌다. 노야에게 더 이상 젖을 빨도록 강요하지 않았고 잠도 충분히 자게 두었다. 그러자 내 마음까지 편안해졌다. 이후로 딸아이는 생후 6개월까지 매 끼니마다 절반은 모유로 나머지 절반은 분유를 먹었다.

먹을지 말지는 아이의 선택

생후 3개월이 된 노야는 유치원의 영아반에 들어갔다. 나는 담당 선생님에게 노야가 세 시간에서 세 시간 반마다 젖을 먹는다고 말씀드렸다. 그런데 영아반에 들어간 첫날, 세 시간 반이 넘었는데도 젖을 먹이러 오라는 전화가 없었다. 좀이 쑤신 나는 전화를 걸어 아기의 상태를 물었다.

"노야는 아주 잘 놀고 있어요. 제가 보기에 아직 배가 고픈 것 같지 않네요."

선생님의 대답이었다.

"그게···. 그럼 어떻게 배가 고픈 걸 아나요?" 하고 내가 물었다.

"이 시기의 아기는 배가 고프면 자신의 상태를 알릴 줄 알아요. 보통은 우는 것이죠."

"하지만, 우리 노야는 배가 고파서 운 적이 거의 없어요. 노야가 배고프기 전에 제가 알아서 젖을 먹이거든요."

내 얘기를 들은 선생님은 시간을 내서 상담을 하자고 제안했다. 상담을 하면서 나 역시 대다수의 초보 엄마가 저지르는 실수를 똑같이 하고 있음을 깨달았다. 아기가 우는 걸 겁내서 노야가 자신의 뜻을 전달하기도 전에 '미리' 모든 일을 처리했던 것이다. 아직 배가 고프지도 않은 아기에게 젖을 먹이거나 잘 놀고 있는 애를 굳이 안고 재우는 것이 다 여기에 속한다.

"이 시기의 아기에게 울음은 자신의 기분을 전달하거나 다른 사람과 대화하는 방법이에요. 그러니 노야에게 자신의 의사를 전달할 기회를 주세요."

그녀는 부드럽게 말했다.

"이것도 일종의 중요한 학습이에요. 아기에게도 생존 본능이라는 게 있답니다. 자신의 필요를 전달할 기회가 주어지고 그것이 만족되면 아기는 세상과 어른에 대해 신뢰감을 느낍니다. 엄마가 미리 다 해놓으면 노야는 소리를 내지 않고도 필요한 것을 얻습니다. 하지만 사실 그것은 아이가 학습할 기회를 빼앗는 일종의 폭력이라고 할 수 있어요.”

선생님의 이야기는 계속되었다.

“사실 세 시간이 지났을 때 노야가 몇 마디 소리를 내기는 했어요. 하지만 새로운 장난감을 주니 잘 놀더군요. 그건 아직 배가 고프지 않다는 뜻이에요. 만약 배가 고프지 않은데 먹을 것을 주면 아기들은 먹는 데 집중하지 않고, 먹는 시간도 오래 걸립니다. 또 입으로 먹으면서도 동시에 장난을 치죠. 그렇게 되면 올바른 식사 습관을 기르기 어렵습니다.”

세상에, 아기에게 음식을 줄 때도 알아야 할 내용이 이렇게 많다니!

자기 손으로 먹는 것은 놀이이자 학습

노야는 만 6개월이 되자 이가 나기 시작했고 그때부터 모유를 거부했다. 모유를 끊은 뒤에도 분유를 먹였는데 영아반 주임 선생님과 의논 끝에 이유식을 먹이기로 했다. 내가 사는 곳이 이스라엘이고 아기가 태어난 곳역시 이스라엘이니 이유식을 어떻게 먹이는지 모두 이 나라 방식을 따라야했다.

그래서 이유식을 먹기 시작한 후로 약 2~3개월 정도만 내가 노야에게 분유나 이유식을 먹였고 그 뒤로는 아이가 자기 손으로 먹기 시작했다.

처음에는 오이를 얇고 길게 썰고, 토마토는 납작하게 슬라이스를 하고,

치즈는 조각으로 썰고, 빵은 덩어리째 쥐서 손으로 잡고 먹게 했다. 사과나 포도와 같은 과일은 으깨서 그릇째 주면 노야가 손으로 먹었다. 아기가 음식을 먹는 행동에는 일정한 패턴이 있다. 배가 고플 때는 집중해서 먹지만 배가 부르면 남은 음식을 장난감처럼 가지고 논다. 그래서 식사가 끝날 때가 되면 으깬 과일은 마스크팩처럼 얼굴에 뒤범벅이 되고, 헤어에센스가 되어 머리카락 여기저기에 들러붙어 있다. 바닥과 의자는 물론 사방이 음식물로 뒤덮인다.

노야가 이유식을 먹기 시작한 후로 나는 식사를 하기 전에 아기 의자 아래에 신문지를 깔아 둔다. 그리고 저녁 식사 시간이면 미리 욕조에 목욕물을 받아 둔다. 저녁을 다 먹은 노야의 상태가 심각하게 지저분하면 그대로 아이를 안고 욕실로 가서 목욕을 시킨다.

시부모님은 우리의 신식 육아법에 무척 놀라셨다. 시어머니는 예전에 당신이 아이를 키울 때만 해도 돌이 되기 전에 모든 음식은 믹서로 갈았으며 당연히 아기에게 일일이 떠먹였다고 말씀하셨다.

하지만 현대 이스라엘의 유아교육은 '먹는 것은 놀이이자 학습'이라는 개념을 강조한다. 아이가 스스로 음식을 먹으면 첫째, 눈과 손을 함께 움직이는 협응력(協應力)이 길러지고, 손의 작은 근육까지 운동이 된다. 둘째, 음식에 대한 개인적인 기호가 발달된다. 유치원 선생님은 아이가 음식을 먹는 방식과 어떤 음식을 선택하는지만 보고도 감각통합에 문제가 있는지를 알 수 있다.

수저를 들이밀며 억지로 아기에게 먹이고, 아기는 무엇이든 주는 대로 다 먹어야 한다고 생각하는 부모가 있는가? 이것은 아기에게서 학습할 기회를 빼앗는 것이며, 자녀를 이해할 기회를 놓치는 것이다.

억지로 먹이는 것은 폭력!

'로마에 가면 로마법을 따르라'는 말대로 이스라엘 사람들이 하듯 나 역시 노야가 제 손으로 음식을 먹게 했다. 하지만 때로는 어쩔 수 없이 수저를 들어 아이에게 떠먹일 때가 있다. 노야가 병이 나서 음식을 제대로 먹지 못할 때가 대표적인 경우다.

어렸을 때 몸이 아프면 엄마가 내게 밥을 먹여주며 이렇게 말씀하셨다.

"많이 먹어야 병이 낫는 거야. 한 숟가락만 더 먹자, 한 숟가락만!"

그러면 나는 엄마가 내미는 음식을 마지못해 받아먹었다.

한번은 노야가 병이 난 적이 있었는데 식탁 앞에 앉았으나 좀처럼 먹으려 들지 않았다. 몸도 안 좋은데 밥까지 못 먹고 있는 아이를 보니 마음이 아팠다. 보다 못한 나는 조금이라도 먹여야겠다는 생각에 음식을 떠서 아이 입에 내밀었다. 그날 시부모님이 우리 집에서 저녁 식사를 하셨는데 식사 중이던 시어머니가 이렇게 말씀하셨다.

"노야 사촌 카렌 말이다. 걔도 어릴 때 병이 나면 좀처럼 먹지를 않았어.

큰애도 지금의 너처럼 억지로 카렌에게 밥을 먹였지. 하지만 아이는 곧 먹은 걸 토했고 상태가 더 안 좋아졌단다. 애들도 자기 몸이 무엇을 원하는지, 먹을 것인지 먹지 않을지 알고 있단다. 우리가 억지로 먹이지 않아도 돼."

"우리가 비록 전쟁 지역에 살고 있지만 먹을 게 부족하지는 않단다. 그러니 너도 네 자식이 굶을 걱정은 안 해도 된단다."

옆에서 듣고 계시던 시아버님이 농담을 던지셨다. 두 분의 말씀을 듣다보니 얼마 전 유치원의 동료 교사와 나눈 대화가 떠올랐다. 그때 우리는 아이가 음식을 거부하거나 편식하는 일에 대해 이야기를 나눴다. 그녀는 내게 이스라엘 유치원의 식사 원칙을 알려주었다.

'어른은 언제 먹고, 무엇을 먹을지 결정한다. 아이는 먹을 것인지 먹지 않을 것인지 그리고 얼마나 먹을지를 결정한다.'

결론적으로 부모는 자녀에게 음식을 먹으라고 강요해서는 안 된다. 이것은 아이에게 폭력이 될 수 있다. 왜냐하면 어른이 권위를 내세우거나 힘을 써서 혹은 어르고 달래서 아이가 원치 않는 일을 하게 만드는 것이기 때문이다.

나는 스스로를 개방적인 엄마라고 생각했다. 하지만 아이에게 음식을 억지로 먹이는 것은 폭력이라는 개념을 시시때때로 되새겨야 했다.

일등 엄마가 되는 길은 이리도 험난한가 보다.

보행기가 없는 나라

모든 부모는 자기 아이가 하루 빨리 걸을 수 있게 되기를 바란다. 일찍 걷는다는 것은 일찍 글을 깨치거나 수를 세는 것처럼 아이가 똑똑하다는 것을 증명하는 것이 아니겠는가? 그런데 이스라엘에서는 어째서 보행기를 팔지 않는 걸까?

대만에 사는 나의 친구 샤오윈은 우리 집 노야와 동갑인 남자아이를 키운다. 그래서 우리는 육아 경험을 서로에게 들려주며, 대만과 이스라엘 두 곳의 육아방식을 비교하곤 한다.

노야가 생후 10개월이 되었을 무렵 그녀가 내게 보행기에 대한 이야기를 꺼냈다.

"친척 한 분이 보행기를 선물해주셨는데, 너는 샀니?"

샤오윈이 물었다.

"보행기? 네가 말 안 했으면 그런 게 있었다는 것도 까먹을 뻔했다, 얘."

그리고 나는 기억을 더듬어 이렇게 대답했다.

"그러고 보니 이 유치원에서 보행기를 본 적이 없네."

기는 데 익숙해지면 걷는 게 늦어진다?

"아기가 보행기를 타면 일찍 걷는다잖아. 그리고 엄마, 아빠가 아기만 지켜보고 있지 않아도 되고 얼마나 좋아!"

샤오윈은 계속해서 말했다.

"아기가 매일 바닥을 기어 다니면 성가시지 않아?"

노야가 바닥을 기어 다니면 성가시지 않느냐고? 당연한 말씀. 그녀는 나의 아픈 곳을 정확하게 건드렸다.

큰딸 노야는 생후 7개월에 접어들면서 기기 시작했는데 특이하게도 '포복 (匍匐)' 자세로 전진했다. 배를 바닥에 붙이고 오로지 손과 발의 힘을 이용해서 앞으로 갔다. 이렇게 힘든 방법을 노야는 생후 10개월이 될 때까지 고수했고 엉덩이를 들어 올리고 무릎과 손바닥을 이용할 생각은 전혀 하지 않았다.

적어도 내가 아는 대만의 부모들은 아기를 끔찍이 아낀 나머지 좀처럼 바닥에 기지 못하게 한다. 우선 바닥이 더럽고, 아무거나 손에 잡히는 물건을 입에 가져갈까 걱정하기 때문이다. 이스라엘은 이와 반대로 아기가 여기저기 기어 다니는 것을 대견하게 생각한다. 공원이나 상점에서도 기어 다니는 아기를 쉽게 볼 수 있다. 그래서 노야가 기기 시작하자 나 역시 다른 부모들처럼 아이가 원하는 대로 기어 다니게 했다.

아기가 집이 아닌 외부 공간에서 기어 다니면 부모는 그 뒤를 바짝 붙어 따라다니며 한시도 눈을 떼지 않는다. 아기가 이상한 물건을 집어 들면 잽싸게 달려가 그것을 입에 넣기 전에 낚아챈다. 아기는 기기 시작하고 1~2개월은 유난히 계단을 기어 오르려 한다. 노야가 계단을 기어서 오르내리면 나와 남편도 그 뒤를 졸졸 따라다녔다. 부모의 체력을 테스트하는 고난의 시기였다.

나를 더욱 힘들게 했던 것은 노야가 낮은 포복자세를 고집한다는 것이었다. 아기가 바닥의 먼지를 걸레마냥 닦고 다녀서 우리는 외출할 때 여분의 옷을 서너 벌 준비해야 했고 빨랫감도 자동으로 늘었다.

유치원 선생님이 내게 이런 말을 한 적이 있다. 노야가 워낙 기어 다니는 데 익숙하고 속도마저 빨라서 일어나서 걸어야겠다는 동기가 부족할 수 있다는 것이다. 그래서 다른 아기들보다 걷는 게 늦어질 수도 있다는 말을 들었을 때 내 이마에는 만화에나 나올 법한 검은 줄 세 개가 그어지는 듯했다. 그렇다 해도 나는 아기가 걸음을 빨리 배우도록 보행기에 태우지는 않을 생각이다.

아기마다 자신만의 성장 시간표가 있다

다음 날 나는 영아반 선생님과 보행기에 대해 이야기를 나눴다. 그는 이스라엘의 모든 유치원과 대부분의 부모가 보행기를 사용하지 않는 이유를 알려줬다.

"아기가 기어 다니면 부모는 스트레스를 받습니다. 하지만 기는 훈련이 아기의 성장에 매우 중요한 것임을 아서야 해요. 대뇌, 소뇌가 동시에 반응해야 하고, 대뇌가 손, 발 등의 신체부위에 동시에 명령을 내리고 많은 신경세포를 자극하죠. 그래서 기어 다닐 때마다 대뇌 계통의 신경이 발달해서 아기가 똑똑해지는 거랍니다. 뿐만 아니라 기어 다니는 것은 전신운동이라 가슴, 배, 등, 팔다리 근육이 강화되는데 특히 상반신이 단련되죠. 오래 기어 다닌 아기일수록 균형 감각이 좋고 걸음마를 시작할 때 잘 넘어지지 않아요."

　선생님은 기는 동작의 중요성을 자세하게 설명해주셨다.

　"그래서 기는 훈련은 골격, 신경계통, 근육, 대뇌의 발달에 도움이 되지요. 아기가 기어 다니면 활동량이 많아서 잘 먹고 잘 자고 키도 쑥쑥 크고 체중도 늘어나는 것은 두말할 여지가 없답니다."

　그는 계속해서 말했다.

　"하지만 아기마다 자신만의 성장 시간표가 있어요. 성장이 빠른 아이가 있는가 하면, 느린 아이도 있지요."

　선생님은 이렇게 결론을 지었다.

　"걷는 것이야 앞으로 평생 하겠지만 기는 시간은 불과 몇 개월에 불과하니 이 시기에 아기가 마음껏 기어 다니게 하는 것이 중요하다고 생각합니다. 굳이 보행기에 태워서 아기 성장에 필요한 과정을 건너뛰게 할 이유가 없지요."

　그의 설명을 듣고 많은 것을 배울 수 있었다. 기는 훈련이 유아의 성장 발달에 이처럼 중요한 역할을 할 줄은 전혀 몰랐다.

　"게다가 보행기를 타는 것은 안전하지 않아요."

　선생님은 마지막으로 내게 귀띔을 해주었다.

　나중에 관련 자료를 검색해보니 캐나다 정부는 2004년부터 보행기의 판매와 사용을 금지했고, 미국 소아과학회(American Academy of Pediatrics)는 그보다 훨씬 이른 1987년에 부모에게 보행기를 사용하지 말 것을 권고했다. 아기의 자연적인 성장을 방해한다는 이유 외에 이들 나라에서 보행기 사용을 금지하는 가장 중요한 이유는 안전사고의 위험 때문이다. 미국 소아과학회는 2001년 미국에서 적어도 6000명 이상의 아기가 보행기를 타다가 다쳤다고 발표했다. 영국 BBC도 2000년에 작성한 보고서에서 보행기 사용으로 영국에서 매년 4000명 이상의 아기가 다쳤다고 밝혔다.

결론적으로 이스라엘의 유아 교육계는 보행기 사용이 아기의 성장 발달을 저해하고 안전에도 위협이 된다고 본다. 그래서 다들 보행기에 대해 그토록 강하게 'No!'를 외쳤던 것이다.

기저귀 떼는 시기는
아기에게 달려 있다

《단지 속의 단지》는 이스라엘의 명작 동화다. 주인공 여자아이가 응가 단지를 받고 무척 신기해하며 이 단지에 소변과 대변을 보기 시작했다는 내용이다. 이미 30여 년의 역사를 자랑하는 이 동화책은 현재까지도 유치원과 서점에서 기저귀 떼기 훈련의 바이블로 인정받고 있다. 책 속의 내용은 아동의 자주성과 자발성을 계발하는 이스라엘의 교육철학을 여실히 보여준다. 여러분의 아기도 기저귀 뗄 때가 되었는가? 그렇다면 아이가 원하는지 먼저 물어보라.

아이가 기저귀를 떼는 일은 육아 경험이 아무리 풍부한 부모라 할지라도 대단히 어려운 일에 속한다. 만약 이 과정을 순탄하게 넘지 못하면 부모와 아이 모두 엄청난 시련을 겪는다.

언젠가 한 엄마가 내게 이런 말을 했다.

"우리 집 꼬맹이가 평소에는 똑똑한데 대소변은 그렇게 못 가려요. 아무리 타이르고 혼을 내도 여전히 바지에 오줌을 싸는 거예요. 나중에는 제 인내심도 바닥이 나서 애가 바지에 오줌을 싼 걸 보면 아무리 내 자식이지만 한 대 쥐어박고 싶다니까요."

배변 훈련 때문에 부모가 자녀에게 화를 내고 심지어 때리는 경우도 있다. 인터넷에도 아이의 배변 훈련에 관한 수많은 글이 올라온다. 하루에 몇 번씩 바닥, 카펫, 옷과 침구를 세탁하다 지쳐서 아이에게 다시 기저귀를 채워야 할지 고민하는 분들도 많다.

나는 세 아이 모두 생후 4개월이 지난 뒤부터 유치원 영아반에 보냈다. 이스라엘에서 기저귀 떼는 훈련은 유치원과 부모가 협력해서 진행한다. 유치원에서는 아기의 발달 단계, 가정 상황 등을 평가한 뒤 언제 기저귀를 떼는 것이 좋을지에 대해 부모와 의논한다.

기저귀를 떼기 위한 준비

큰딸 노야는 생후 34개월이 되어서야 정식으로 기저귀 떼기 훈련을 시작했다. 당시 둘째가 태어난 데다 집까지 이사했고 유치원 원장님이 새로 부임하는 등 신경 써야 할 일이 많았기 때문이다. 우리는 유치원 원장님과 기저귀 떼기에 관해 상담을 한 뒤, 훈련 계획서를 받아왔다. 여기에는 훈련 방법 외에 아이의 심리적, 생리적 변화를 관찰하는 방법이 상세히 적혀 있었다. 이러한 관찰을 통해서 우리 부부는 아이가 기저귀를 뗄 준비가 되어 있는지 확인할 수 있었다.

가장 먼저 확인해야 할 사항은 아이가 기저귀 벗는 것을 원하는가이다. 기저귀를 더 이상 차지 않는 것이 좋은 일이고 자랑스러운 일이라고 생각해야 한다.

"아이가 원해야 한다는 것이 중요합니다. 기저귀에 전혀 관심이 없는 애들도 있어요. 자신이 기저귀를 찼는지 안 찼는지 모르는 경우도 있고, 기저귀가 축축하다는 사실을 의식하지 못할 수 있죠. 이런 아이에게 기저귀 떼는 훈련을 하게 되면 시간도 오래 걸리고 무엇보다 스트레스를 많이 받습니다. 결국은 실패로 끝나고 말죠."

원장님은 아이가 원해야 한다는 사실을 재차 강조했다.

관심을 유발하는 방법 중 하나가 바로 가정과 유치원에서 기저귀 떼기에 관한 동화를 읽는 것이다. 우선 아이에게 '나는 이제 기저귀를 차지 않고 화장실에 갈 만큼 컸다'라는 생각을 심어주어야 한다. 그리고 기저귀를 갈아주기 전에 기저귀가 어떤 상태인지 묻고, 엉덩이의 상태가 어떤지 스스로 느끼도록 도와야 한다. 아이가 직접 기저귀를 갈아달라고 어른에게 말하도록 하는 것이다.

노야는 화장실에 가는 일에 대해 관심을 보이고 먼저 이야기를 꺼냈다. 그리고 소변을 본 뒤 선생님에게 기저귀를 갈아달라고 요구하기 시작했다. 그 뒤부터 유치원 선생님은 매일 정해진 시간에 노야와 다른 두 명의 여자아이를 화장실로 데리고 갔다.

이때 대소변을 보지 않아도 상관없다. 다만 아이가 변기에 앉는 데 익숙해지는 것이 중요하다.

이렇게 일주일이 지난 뒤 나와 남편은 원장님과 마지막 상담을 했다. 이날 우리는 당장 돌아오는 주말부터 딸에게 기저귀를 채우지 않기로 결정했다.

기저귀 뗄 때 나타나는 '퇴화행동'

"마음의 준비 단단히 하세요. 기저귀를 떼고 나서 며칠 동안은 온 집안이 대소변으로 난리가 날 겁니다. 만약 바지에 오줌을 싸더라도 화를 참으시고 몇 번이고 반복해서 아이에게 화장실 가고 싶다는 말을 하라고 타이르서야 합니다."

원장 선생님은 상세하게 설명해주셨다.

"참고로 말씀드리자면, 아기들은 대부분 기저귀를 떼면서 '퇴화행동'을 보입니다. 기저귀 떼는 것이 아이들에게는 비교적 큰 변화이다 보니 심리적으로 불안을 느낄 수 있어요. 그리고 아기마다 그것을 표현하는 방식이 다릅니다. 울고 보채는 아기도 있고 유아용 젖꼭지를 찾는 아기도 있고 엄마한테서 떨어지지 않으려는 아기도 있지요. 어떤 방식으로 나타나든 부모님은 인내심을 가지고 예전보다 더 많이 안아주고 뽀뽀해주면서 사랑을 표현해주세요. 유아용 젖꼭지를 원하면 주셔도 괜찮습니다."

기저귀를 떼기 전날, 노야를 데리고 유아용 팬티를 사러 나갔다. 나는 팬티를 고르면서 딸에게 말했다.

"내일부터 노야는 기저귀 안 차고 팬티를 입을 거야."

"정말? 나 이제 기저귀 안 차는 거야?"

아이는 기대에 찬 목소리로 물었다.

"그런데 왜 기저귀를 안 차는데?"

"왜냐하면 노야는 더 이상 아기가 아니거든. 너도 많이 자랐기 때문에 이제는 화장실에 갈 수 있어. 그래서 기저귀는 필요가 없게 된 거야."

나는 이렇게 대답했다.

"어? 나도 이제는 화장실에 갈 수 있구나."

딸애는 무척 들떠 있었다.

아침 일찍 눈을 뜬 노야는 기저귀를 벗고 유아용 팬티를 입었다. 그날 아이는 세 벌에 실수를 했다. 그때마다 노야는 무척 당황했고 팬티가 축축하게 젖은 느낌을 무척 싫어했다. 원장님이 하신 말씀을 떠올려보니 이는 좋은 징조였다.

그날 딸애는 내게 대변을 보겠다는 말도 한 번 했다. 그 말이 끝나기 무섭게 나와 노야는 화장실로 쏜살같이 달려갔다. 팬티에 살짝 대변을 묻히기는 했어도 나머지를 성공적으로 목적지에 쏟아부을 수 있었다. 변기 속에 떠있는 대변을 보고 딸은 무척 신이 났다. 우리 모녀는 화장실에서 환호성을 질렀다.

그날 입었던 팬티는 지금까지 대변이 묻어서 빨았던 유일한 팬티이기도 했다. 그날 이후로 며칠 동안 노야는 기저귀를 계속해서 언급했다.

"난 이제 기저귀를 차지 않아. 왜 그런 줄 알아?"

내가 대답하기도 전에 딸아이는 스스로 대답했다.

"왜냐하면 난 다 컸기 때문이야."

재잘대던 노야는 나름대로 결론까지 내렸다.

"마야는 아기니까 기저귀를 차야 돼. 그치만 난 이젠 아기가 아니야."

유치원 원장님의 말씀에 따르면 아이가 특정 대화를 끊임없이 반복할 때 그것은 상대방에게 질문하는 것이 아니라 스스로에게 그 사실을 잊지 않도록 일깨우는 것이라고 한다.

다음 날 유치원에서 노야가 옷에 실수를 한 횟수는 딱 한 번밖에 되지 않았다. 3일째 되는 날부터 노야는 혼자서 화장실을 가기 시작했다. 밥을 먹다가도 장난치며 놀다가도 갑자기 선생님에게 화장실에 가겠노라고 말했다.

"오늘 식사 시간에 노야가 갑자기 화장실을 가겠다고 말을 했어요. 그러고는 혼자서 화장실에 갔는데 금세 돌아와서는 저와 다른 친구들에게 사실은 방귀만 뀌고 왔다고 말하더군요."

담임 선생님은 이 말을 하면서 웃음을 터뜨렸다.

이때부터 아이가 옷에 실수하는 일은 거의 없었다. 다만 예기치 못한 상황이 닥치거나 아이가 너무 피곤해서 감각이 둔해질 때를 제외하면 말이다.

지저귀를 뗀 지 일주일이 지나자 낮잠을 잘 때도 노야는 기저귀를 차지 않았다. 그 다음 일주일이 지났을 때는 밤에도 기저귀를 차지 않았다.

이렇게 우리 딸은 3주 만에 기저귀 떼는 훈련을 끝냈다. 이 기간에 노야는 평소보다 더 울고 보챘고, 유아용 젖꼭지를 찾는 퇴화행동을 보였다. 그러나 비교적 순조롭게 끝난 편이었기 때문에 나는 태산처럼 쌓아놓은 걱정을 홀가분하게 날려버릴 수 있었다. 시어머니가 사주신 배변 훈련용 팬티는 전혀 쓸 일이 없었다.

당근과 채찍을 버려라

노야가 기저귀를 떼는 과정은 예상보다 훨씬 수월했고 기간도 짧았다. 그래서 그때를 되돌아보면 한참을 생각해야만 당시 어떤 일이 있었고 무엇을 어떻게 했는지 기억이 날 정도다.

"비교적 쉽게 중요한 고비를 넘겼다니 정말 잘됐어요."

원장 선생님은 무척 기뻐했다.

"그런데 만 세 살이 다 되어서야 기저귀를 뗐으니 너무 늦은 거 아닌가요?"

나는 마음속에 오랫동안 담아두었던 질문을 꺼냈다.

딸이 돌을 넘긴 뒤로 대만의 친정 부모님과 친구들은 우리 노야가 기저귀를 뗐는지 물었다. 그리고 아직 떼지 않았다고 느긋하게 말하는 나를 의아하게 여겼다. 그 반응에 갑자기 걱정이 되었지만 다행히도 내가 사는 이스라엘에서는 이웃과 친구 모두 서두르지 말라고, 서두른다고 될 일이 아니라며 나를 안심시켰다.

"맞아요. 노야가 곧 있으면 만 세 살이 되니 비교적 느린 편에 속합니다. 하지만 그 원인은 노야가 아니라 부모님이 준비가 안 됐기 때문이지요. 기저귀 떼기는 부모와 아이가 모두 준비되었을 때 해야 합니다. 느린 것이 빠른 것보다 차라리 나아요."

"하지만 대만 친구들 대부분은 아이가 돌이 지난 뒤부터 기저귀를 떼던

걸요. 왜 여기는 두 돌이 지난 뒤에야 기저귀 떼는 훈련을 시작하나요?"

유치원에서 준 계획서에 기저귀 떼는 연령은 생후 18개월부터 만 3세 사이로 나와 있고, 만 2세 이후를 장려했다.

"당근과 채찍 이론에 대해 들어 보셨죠?"

원장 선생님이 물었다.

나는 고개를 끄덕였다. 잘하면 상을 주고 못하면 벌을 줌으로써 목표를 달성시키는 이론이다.

"생후 18개월 이전의 아기는 생리적으로 미성숙하고 이해력도 높지 않습니다. 그러나 이 때문에 기저귀 떼는 훈련을 못 한다는 것은 아닙니다. 다만 이 시기의 아기는 기저귀를 떼는 일이 무엇을 의미하는지 모르기 때문에 별도의 상과 벌이 주어져야만 훈련의 목표를 달성할 수 있어요. 게다가 근육을 조절하지 못하기 때문에 비교적 장기간의 훈련이 필요합니다. 이스라엘의 유아교육은 당근과 채찍에 근거한 교육을 철저히 피합니다. 우리는 아이가 자신이 원할 때까지 최대한 기다려주지요. 그렇게 되면 아이는 자신이 한 가지 목표를 이룰 때마다 만족감과 자신감을 느낄 수 있습니다. 이는 결코 다른 사람에게 보여주기 위해서나 벌을 피하기 위해서가 아니랍니다."

원장 선생님의 설명은 계속되었다.

"그렇기 때문에 학습은 아이가 준비되었을 때 진행하는 것입니다. 조금 늦으면 또 어때요? 부모와 자식의 관계가 어긋나지 않고 아이가 스스로를 자랑스러워한다면 좋은 일 아니겠어요? 막말로 심신이 건강한 아이치고 기저귀를 차고 초등학교에 가는 아이가 어디 있겠습니까?"

그가 농담을 던졌다.

원장 선생님과 상담을 마친 뒤에도 나는 '학습은 아이가 준비되었을 때 진행하는 것이다. 조금 늦으면 또 어떤가?'라는 말을 되뇌었다. 그리고 교육에 관해 이야기를 할 때면 그 말이 입버릇처럼 저절로 나왔다.

아이의 교육은 순리를 따르는 것이 왕도이다.

네 멋대로 해라

이스라엘의 교육을 한마디로 설명하자면 자유방임이다. 그러나 자유방임교육에는 조건이 필요하고 대가가 따른다.

지금부터 소개할 이야기는 노야가 돌이 조금 지났을 때의 일이다. 당시 우리 아이는 아직 말이 서툴렀고 나 역시 이스라엘 사회의 자유방임교육에 적응하지 못했다. 그래서 낯선 문화의 벽에 부딪힌 나의 선택은 어이없게도 '36계 줄행랑'이었다.

어느 토요일. 공원은 여느 때처럼 아이들로 붐볐다.

나는 이 시간에 노야를 데리고 공원에 놀러가는 것을 그다지 좋아하지 않았다. 왜냐하면 이스라엘 아이들은 무척 거칠기 때문이다. 특히 4~5세 아이들이 유독 그랬다. 게다가 이스라엘 사회는 무척 개방적이고 자유로운 분위기에서 자녀를 키우기 때문에 공원에서 아이가 혼자 놀더라도 부모는 그다지 신경을 쓰지 않는다. 나는 자유방임적인 교육철학에는 찬성하지만 아이를 세심하게 돌보지 않는 부모의 양육 태도에는 찬성하지 않는다.

내가 공원오기를 싫어하는 또 다른 이유는 노야가 공원에서 노는 아이들 중 가장 어리다는 점이다. 딸아이가 이제 막 걸음마를 배웠을 때는 어디를 가든 우리가 그 뒤를 따라다녔다. 하지만 지금 노야는 우리가 따라다니는 것을 원치 않는다. 그래서 무슨 사고라도 생기면 제때 쫓아가서 위험을 막아줄 수 없기 때문에 매번 공원에 나올 때마다 불안했다.

그렇지만 이런 이유로 노야의 외출을 금지할 수도 없을뿐더러 아이에게는 엄연히 밖에서 놀 권리가 있었다.

내 자식이 맞는 건 못 참아!

공원 벤치에 앉아 있는데 한 아이가 원예용 삽을 들고 모래를 한가득 퍼서는 다른 아이에게 끼얹었다. 별안간 온몸에 모래 세례를 받은 아이는 놀라서 소리를 질렀다. 아이의 엄마가 장난친 아이에게 다가와 주의를 주었다.

"애야, 다른 사람에게 모래를 뿌리면 안 돼."

그때까지도 장난친 아이의 부모는 자기 아이를 혼내기는커녕 아무런 반응도 보이지 않았다. 마치 남의 일인 양 무관심한 태도에 옆에 있던 내가 오히려 화가 날 지경이었다.

노야가 미끄럼틀에서 놀고 있을 때 남편이 먼저 집으로 돌아가겠다고 말했다. 나는 그에게 우리도 곧 돌아가겠다고 말했다. 그 당시 노야는 정서가 무척 불안해서 같이 놀던 아이가 조금만 건드려도 목이 터져라 울었다. 나는 아이가 밖에서 미친 사람처럼 소리 지르는 것을 극도로 싫어했다.

그런데 내 말이 끝나기 무섭게 네댓 살 먹은 남자아이가 노야를 뒤에서 밀쳤다. 물론 그 아이가 일부러 그런 것은 아니다. 우리 애가 미끄럼틀 계단을 막고 있어서 아마도 노야를 지나쳐 가려다 그랬을 것이다. 그런데 노야가 무척 거칠게 반응했다. 누군가 자신을 밀자 화가 난 딸은 고개를 돌려 그 남자아이를 한 대 때렸다.

결국 일이 커져버렸다. 화가 난 남자아이는 노야를 때리기 시작했다. 내 자식이 남에게 맞는 것을 처음 본 데다 우리 애보다 나이가 많은 애라 속에서 분노가 끓어올랐다.

그 아이가 세 대째 노야를 때렸을 때 나도 모르게 소리를 지르며 미끄럼틀로 달려가 아이를 안고 허겁지겁 공원을 빠져나왔다.

걸어가는 내내 노야가 울면서 공원 방향을 손가락으로 가리켰다. 아마도 공원으로 다시 가서 놀고 싶은 모양이었다. 갑작스레 벌어진 상황에 영문을 모르고 있던 남편이 나에게 물었다.

"노야가 잘못한 것도 아닌데 당신은 왜 아이를 안고 뛰쳐나왔어? 이렇게 하는 건 노야에게 벌을 주는 거야."

남편의 말에 나는 순간 멍해졌다. 방금 전까지 끓어올랐던 분노를 가라 앉힌 뒤 나는 아이를 내려놓았다. 자유를 얻은 노야는 곧바로 공원으로 뛰어갔다.

나는 남편에게 자식 단속을 하지 않는 다른 부모들을 보고 화를 참지 못했고 게다가 큰 아이가 작은 아이를 때리는 것을 차마 볼 수 없었다고 설명했다.

남편이 말했다.

"그럼 내가 노야를 지켜볼 테니 당신은 집에 있어."

애들 싸움에 당신이 왜 흥분해?

아빠와 함께 집으로 돌아온 노야는 실컷 논 뒤라 기분이 무척 좋아보였다. 그날 나와 남편은 공원에서 있었던 일에 대해 이야기했다.

"나중에 그 남자애 엄마가 아이를 데리고 와서 노야에게 사과하라고 시켰어. 그 애도 사과를 했고. 그 남자아이 말이, 노야가 키가 커서 자기랑 나이가 같은 줄 알았대."

"그랬구나. 나도 그 애한테 화가 난 건 아니야, 여보. 하지만 내 자식이 맞는 걸 보니까 눈앞이 캄캄해지면서 아무 생각도 안 났어."

"그래. 하지만 이런 일이 앞으로 자주 생길 텐데 오늘처럼 과민하게 반응해서는 안 돼. 노야가 자기보다 큰 애들과 못 놀게 할 수는 없잖아. 침착하고 냉정하게 행동해야 돼."

남편은 화제를 살짝 돌렸다.

"당신이 갑자기 애를 안고 공원을 나왔잖아. 그러면 노야는 자기가 잘못을 했다고 생각할 수 있어."

"당신 말이 맞아. 그런데 그 아이 부모가 바로 옆에 있는데 왜 내가 나서서 아이를 말려야 되는 거야? 대만의 부모라면 모두 나처럼 행동했을 거야. 대만에서는 다른 아이가 못된 행동을 하면 자기 애를 데리고 그 자리를 떠나. 다른 아이 부모와 언성을 높이며 다툴 필요가 없잖아."

나는 이렇게 남편에게 설명을 했다. 이스라엘에 온 지도 이미 4년이 넘었기 때문에 오늘 나의 행동이 적절하지 않다는 것을 안다. 하지만 때때로 나도 모르게 예전의 생활 방식이 불쑥불쑥 튀어나온다.

"얘기를 들어보니, 그 아이 부모가 최근에 직장을 잃었다고 하더군. 그래서 애를 돌볼 여유가 없었던 거지. 아무튼 나중에 당신이 아이 셋을 키우고 히브리어를 유창하게 구사하게 되면 그때 가서 보자고. 그때도 공원에서 1분 1초마다 아이를 쳐다보는지 말이야."

그는 싱거운 농담을 던졌다. 이렇게 해서 우리 부부의 토론은 끝이 났다.

나는 나중에 이 일에 대해 다시금 생각해보았다. 아무리 생각해도 그 당시 나는 너무 충동적이었고 감정적이었다. 사실 그 상황에서 상대 아이가 더 이상 때리지 못하게 막으면 그만이었지 아이를 안고 흥분해서 집으로 돌아올 필요는 없었다. 게다가 그 남자아이의 부모는 아이에게서 잠깐 한눈을 팔았던 것임에 틀림없다. 남편이 말했던 것처럼 이곳은 이스라엘이지 않은가?

나는 감정을 조절하지 못하고 갈등이 생기면 언제나 도망치기 바빴다. 그렇게 앞뒤 안 가리고 아이를 안고 뛰쳐나갔으니 결국 가장 큰 상처를 입은 사람은 노야였던 것이다.

이번과 같은 문화적 충돌은 앞으로 살아가면서 자주 생길 것이다. 그래서 나는 마음을 단단히 먹기로 했다. 갈등을 만나면 피하지 말고 적극적이고 긍정적인 방법으로 해결하기로 다짐했다.

늑대와 빨간 모자

황야에서 야영을 하던 중 늑대가 어린 아이의 목덜미를 무는 사고가 발생했다. 나는 처음부터 이 사건을 '흉악한 늑대가 괘씸하게도 사람을 해쳤다'고만 파악했다. 그런데 이 나라 사람들은 '인간과 야생동물이 함께 살아가는 과정에서 벌어진 뜻밖의 사고'로 여기는 것이었다. 결코 '못된 늑대와 불쌍한 빨간 모자 소녀'의 이야기로 보지 않았다.

4월 중순 '유월절'(이스라엘 민족이 이집트에서 탈출한 것을 기념하는 유대교 3대 명절 중 하나 - 역자주) 기간에 우리 가족은 유치원 원장 선생님 가족과 함께 사막 지역에 텐트를 치고 야영을 했다.

우리가 간 구역은 국립공원 안에 있는 야영지로 학교나 가족이 자주 야영을 했기 때문에 사람이 자주 드나들었다. 그래서 야생동물도 이 구역으로 들어오지 않는다고 한다.

저녁에 우리들은 텐트 밖에서 불을 지피고 저녁식사를 했다. 원장님 옆에는 두 돌 반이 지난 어린 딸이 앉아 있었다. 그런데 갑자기 늑대 한 마리가 나타나 아이의 뒷목을 물었다. 상처가 깊지 않아 다행이었지만 만약 경추동맥을 물렸다면 그 자리에서 과다출혈로 목숨을 잃었을 것이다.

원장 선생님과 남편은 정신없이 늑대를 공격했다. 당장 무기로 쓸 도구가 보이지 않아 되는 대로 손으로 때리고 발로 찼다. 늑대에게서 아이를 떼어내고 싶었지만 혹시라도 딸이 더 다칠까 봐 무척 조심스러웠다.

늑대는 두 남자의 공격을 받고도 악착같이 버티다가 고통이 심해지자 아이의 목덜미를 물고 있던 입을 열었다. 한바탕 난타전이 이어진 뒤 늑대는 멀리 달아났다. 온몸이 피투성이가 된 아이는 곧바로 병원으로 옮겨졌다.

사람을 해친 늑대는 죄가 없다?

당시 나는 둘째를 임신하고 있었는데 입덧이 심해 누워 있다가 이 끔찍한 소식을 들었다. 그날 밤 나는 그 사건을 생각하느라 잠을 이루지 못했다. 우리 노야도 원장 선생님의 작은 딸과 같은 나이였다. 머릿속에 끔찍한 장면들이 계속해서 떠올랐다. 울부짖는 아이, 겁에 질린 부모, 늑대의 이빨에 물린 상처, 온몸에 흐르는 피…. 이 사건은 아이는 물론이고 부모 특히 엄마에게 악몽이 될 것이다.

나는 도시에서 나고 자랐다. 그렇다보니 목격하지 않아도 야생동물이 사람을 공격했다는 사실은 나에게 큰 충격이었다.

다음 날 야영지의 관리인이 문제의 늑대를 잡기 위해 추적을 시작했다는 소식이 전해졌다. 나는 속으로 늑대가 잡히면 설사 그 늑대를 죽인다 해도 문제될 것이 없다고 생각했다. 이미 사람이 상처를 입었고, 앞으로 늑대가 사람을 공격하지 않으리란 보장이 없기 때문이다. 그런데 이 사건의 경과를 지켜보면서 나는 '생명 존중'의 의미를 새롭게 배우게 되었다.

며칠 후, 나는 이웃과 이 사건에 대해 이야기를 나눴다. 나는 정말 끔찍한 일이며, 아이와 엄마에게 크나큰 고통이라고 나도 모르게 목소리를 높이고 있었다. 그때 이웃은 이런 대답으로 흥분한 내게 찬물을 끼얹었다.

"노야 엄마 말이 맞아. 정말 끔찍한 일이지. 아이와 가족에게 견디기 힘든 고통이고말고. 그런데 그 가족이 황야의 야생동물 서식지로 들어갔다면 그런 사고가 날 수 있다는 마음의 준비를 했어야지. 사막은 동물이 살아가는 터전이지 우리 인간의 땅이 아니잖아. 게다가 그런 사고는 여태껏 일어난 적이 없었어. 늑대는 무리지어 다니는 동물인데 어떻게 혼자서 무리를 빠져나와 사람을 물었을까? 그 가족이 정말 운이 없었다는 말밖에는 달리 할 말이 없네."

그녀의 말은 이 사건을 인간 위주로만 생각했던 나를 세차게 흔들었다. 나는 처음부터 이 사건을 '흉악한 늑대가 괘씸하게도 사람을 해쳤다'고만 파악했다. 그런데 이 나라 사람들은 '인간과 야생동물이 함께 살아가는 과정에서 벌어진 뜻밖의 사고'로 여기는 것이었다. 결코 '못된 늑대와 불쌍한 빨간 모자 소녀'의 이야기로 보지 않았다.

생명에 대한 유대인의 인식

그 후 며칠이 지나서 아이를 해친 늑대가 잡혔다는 소식을 남편이 알려주었다. 나는 무척 궁금해져서 늑대가 지금 어디에 있는지 물었다.

"야생동물원으로 보냈대."

남편이 대답했다. 야생동물원은 동물들이 자유롭게 돌아다니는 곳이다. 언젠가 우리 가족도 그곳에 간 적이 있는데 동물원 내부를 구경하는 동안 차의 창문을 모두 닫아야했다. 간혹 동물이 뿔 등으로 차를 들이받는 일이 있기 때문이다.

"늑대 상태는 어떻대?"

나는 지난번 이웃의 이야기를 들은 뒤라 조심스럽게 물었다. 하지만 속으로는 '야생동물원에 가두는 것도 좋은 방법이기는 하지'라고 생각했다.

"응, 늑대가 병이 났대. 다들 이 늑대가 공격적인 행동을 해서 이상하다고 생각했거든. 아니나 다를까 검사를 해보니 늑대가 병이 났던 거야. 우선 치료하기 위해 야생동물원으로 보냈대."

"우선 야생동물원으로 보낸다고? 그게 무슨 뜻이야? 늑대를 야생동물원에 계속 가두는 게 아니야?

나는 흥분해서 말했다.

"야생동물원에 가두다니? 당연히 자연으로 돌려보내야지!"

남편은 나의 생각을 이해하지 못했다.

"황야는 늑대의 집이야. 그리고 늑대는 원래부터 위험한 동물인 걸. 당신 말은 인간에게 해를 끼친 동물은 모두 가둬야 된다는 거야?"

"아니, 그런 뜻이 아니라…."

나의 논리대로라면 사실 그런 뜻이었다.

남편과의 대화를 끝으로 사건은 이쯤에서 넘어가는 줄 알았다. 그런데 얼마 지나지 않아 원장 선생님과 전화 통화를 하면서 나는 더욱 놀라고 말았다.

트라우마에서 벗어나는 법

나는 이런 끔찍한 사건을 겪은 사람은 평생 충격에서 벗어나지 못하고 악몽에 시달릴 것이라고 생각했다. (그동안 읽었던 동화와 소설이 다 그렇지 않은가?) 그런데 내가 들은 얘기는 달랐다.

사고를 당한 원장님 딸은 유치원 수업시간에 야생동물과 야외에서 겪게 되는 일들에 대해 이야기했다고 한다.

"저도 집에서 아이에게 이런 말을 해주었어요. 가끔 우리가 황야에 나가면 아무리 만반의 준비를 했어도 사고가 날 수도 있다고요. 그런 일은 운이 나빠서 생기는 것이고 절대 피할 수 없다고 말입니다."

원장 선생님은 이어서 이렇게 말했다.

"이번 주 금요일, 유치원에서 한 아이가 생일을 맞았어요. 보통은 생일을 맞은 주인공이 동화책 한 권을 고릅니다. 그리고 생일파티에서 다른 아이들과 함께 동화책의 내용을 가지고 연극을 하지요. 그런데 이번에 고른 동화가 동물들의 우정을 그린 《늑대와 여우》였어요. 선생님이 아이들에게 맡고 싶은 역할을 묻자, 우리 애가 손을 번쩍 들더니 늑대를 맡겠다고 했대요. 아이가 차츰 두려움에서 벗어나 늑대를 이해하기 시작한 거죠. 그동안 늑대를 제대로 이해하지 못했기 때문에 공포를 느끼고 있었던 겁니다."

내가 이 일로 아이가 악몽을 꾸지 않을까 걱정되지 않느냐고 묻자 원장님은 이렇게 대답했다.

"시간을 되돌릴 수는 없으니, 더욱 적극적으로 아이의 심리를 이해해야죠. 딸에게 사건이 어떻게 해서 일어났고 어떤 결과가 되었는지를 알려줘야만 트라우마에서 벗어날 수 있어요."

시간이 지난 뒤에도 나는 이 일을 곱씹어 보았다. 사건이 발생한 뒤 아이에게 '늑대가 사람을 물었어. 늑대는 너무 무섭고 나쁜 동물이야. 그런 늑대는 때려죽여야 해!'라고 말하는 어른은 한 명도 없었다. 또한 '늑대에게 물렸구나. 아이 불쌍해라. 너는 이 사건의 피해자야'라고 다독이는 어른도 없었다.

사고를 당한 아이의 부모, 이웃, 언론 모두 늑대는 그들만의 습성이 있으며 하나의 생명이라는 생각을 갖고 있었다. 이 사건을 통해 나는 생명 존중의 의미를 다시금 되새겼다.

깨무는 것이 '사교 활동'

유치원 교사로 오랫동안 일해왔지만 만 2~3세의 아이들이 깨무는 행동을 보면 언제나 곤혹스럽다. 이 나이 또래의 아이들은 유아기 중에서 정서적으로 가장 불안정하고 난폭하다. 아이들이 갑자기 서로 깨무는 사고가 났을 때 아무리 유능한 교사라 해도 당혹스럽긴 마찬가지다.

내가 유치원에서 일한 지 2년 째 되는 해에 이스라엘 유아교육계에 엄청난 사건이 일어났다. 만 2~3세의 유아만 전문적으로 교육하는 유치원에서 아이들이 서로 깨무는 사건이 발생한 것이다. 원생 중 가장 심하게 다친 아이의 부모는 심지어 유치원을 상대로 소송을 냈다.

다친 아이는 같은 반 16명의 원생 중에서 나이가 많은 순서로 따지면 10번째에 해당된다. 온순한 성격이지만 자주 우는 아이였다고 한다. 물린 곳이 스무 군데가 넘었고, 열까지 나자 가족은 서둘러 병원으로 데리고 갔다. 아이는 해열제를 먹고 항생제 주사까지 맞았다. 아이 부모는 교사가 아이들을 제대로 지도하지 못했다며 유치원 원장과 교사를 상해죄로 고소했다.

사건이 일어난 뒤 일주일 내내 주위 사람들, 즉 직장동료, 이웃, 학부모 모두 이 일에 대해 이야기했다.

모두들 법원에서 어떤 판결을 내릴지 주목했다.

깨무는 것은 의사소통의 하나

사실 만 2~3세의 유아에게 깨무는 행동이 사교 활동 중 하나이며 의사소통을 하는 특이한 방식임을 유치원 교사라면 누구나 알고 있다.

이 시기의 유아는 언어능력이 완전하지 않은 상태이고 인내심도 부족하다. 하지만 이 시기에 접어들어 집단에 대한 개념이 생기고 사교 능력이 발달하기 때문에 다른 아이와 어울리는 시간이 급격히 늘어난다. 사교 능력, 언어 발달, 의사소통 능력 모든 게 서툴기 때문에 원하는 바를 얻지 못하면 어떻게 대처해야 할지 모른다. 그러다보니 상대방을 때리거나 깨무는 일이 수시로 벌어지는 것이다.

이스라엘에서 서너 살배기 아이를 둔 부모라면 유치원 교사와 원생의 비율이 1:4라는 사실을 알고 있을 것이다. 그런데 교육현장에서 유아를 때리거나 야단칠 수 없기 때문에 말썽이 생길 때 교사가 할 수 있는 방법은 많지 않다. 다투는 아이들을 떼어 놓는 것이 유일한 방법이며 기껏해야 '싸우면 안 돼!'라고 주의를 줄 뿐이다. 아이들은 교사의 주의를 들은 뒤 제자리로 돌아가서 놀지만 얼마 지나지 않아 싸움은 다시 일어나기 마련이다. 게다가 깨무는 것은 워낙 순식간에 일어나기 때문에 교사가 급하게 달려가도 이미 일은 벌어지고 난 뒤다.

사람들이 나누는 대화를 듣고 있자니 마음속에 수많은 의문이 떠올랐다. 깨물린 상처가 스무 군데가 넘는다는 것은 일반적인 경우라고 볼 수 없다. 하지만 부모가 법원에 소송까지 하는 것은 과민반응이 아닐까? 꼭 소송을 해야겠다면 자기 아이를 가장 심하게 깨문 아이의 부모를 고소해야 하는 게 아닐까? 어째서 유치원 원장과 교사를 고소한 것일까? 선생님들이 그 많은 아이들을 하나하나 돌볼 수도 없는데 말이다.

그때까지만 해도 나는 이스라엘의 교육에 대해 모르는 것이 많았기 때문에 궁금하더라도 함부로 질문하지 못했다. 하지만 이 사건은 어떻게 진행될지 무척 궁금해서 이스라엘의 부모와 유치원 교사의 생각은 어떤지 누군가 알려주면 좋겠다고 생각했다.

그러던 어느 날 내가 영아반에서 일을 거들고 있을 때였다. 영아반 주임 선생님이 마침 그 사건을 언급하며 고소당한 유치원 원장에게서 들은 내용을 전했다. 다친 아이의 아버지는 당시 군사 훈련 때문에 한 달 동안 집을 비웠는데 이 때문에 아이 성격이 신경질적으로 바뀌어 툭하면 화를 내고 다른 아이들과 다투며 끊임없이 말썽을 일으켰다. 선생님들 모두 이 아이 때문에 애를 먹었다고 한다.

이야기를 들은 나는 고소당한 유치원 원장의 입장을 충분히 이해했다. 그런데 우리 주임 선생님은 매우 못마땅한 듯 이렇게 말했다.

"그 유치원 원장은 정말 프로정신이 부족해요. 아이를 그런 유치원에 보낸 학부모들이 안 됐지."

때론 카리스마를 발휘하라!

"만 2~3세 유아가 사람을 깨무는 것은 정상적 행동이잖아요. 아이들을 떼어놓는 방법 외에 교사가 할 수 있는 다른 방법이 있나요?"

나는 이 기회에 궁금했던 것을 제대로 물어보기로 했다.

"당연히 있죠! 교사라면 어떻게 해서든 아이에게 감정을 억제하도록 가르치고 다른 사람을 해치지 못하게 해야죠. 그 시기 아이들이 알아들을 수 있는 방식으로 가르치면 돼요."

아이들이 알아들을 수 있는 방식이란 말에 나는 정신이 번쩍 들었다. 얼마 전 생후 8개월 된 아기가 주임 선생님의 머리카락을 잡아당겼을 때의 일이 떠올랐다. 그때 선생님은 아기 손에서 머리카락을 빼면서 아주 큰 목소리로 또렷하게 말했다.

"선생님 머리카락을 당기면 안 돼. 아주 아주 아파요!"

우리 주임 선생님은 무척 다정하고 상냥한 사람이다. 나는 평소와 다른 그의 반응에 깜짝 놀랐고, 아기에게 왜 그렇게 단호하게 말하는지 의아했다. 사실, 생후 8개월 된 아기들은 보이는 것이라면 무엇이든 손을 뻗어 잡으려고 하는데 머리카락을 잡은 것이 무슨 큰일이란 말인가? 나는 속으로 '오늘 선생님 기분이 안 좋으신가보다' 하고 생각했다.

그러나 주임 선생님은 아기에게 몹시 단호한 말투로 말을 한 후 곧 예전의 차분하고 다정한 모습으로 돌아와 내게 해야 할 일을 알려주셨다. 사람의 태도가 그렇게 짧은 시간에 180도 바뀔 수 있는지 옆에서 지켜보던 나는 어리둥절했다. 그런데 방금 언급했던 아이들이 알아듣는 방식이란 말을 들으니 그날의 일들이 이해가 됐다.

그날 아기에게 머리카락을 잡혔던 일, 아이를 엄하게 혼냈던 일에 대해 주임 선생님에게 이야기하자 환하게 웃으며 말씀하셨다.

"그 일을 눈여겨보았군요."

이스라엘 교육에서는 아이를 때리거나 야단쳐서는 안 된다고 주장한다. 물론 아이가 다칠 위험이 있거나 다른 사람을 해칠 수 있는 상황이라면, 목소리를 높이거나 아이의 팔과 다리를 붙잡을 수는 있다. 생후 8개월 된 아기는 언어 이해력이 낮기 때문에 상대방의 감정적인 반응에 근거해서 자신의 행동을 반성한다. 만약 아이의 어떤 행동이 잘못되었다고 가르치고자 한다면 목소리를 높여서 아이가 어른의 목소리에 담긴 부정적 감정을 알아듣게 해야 한다.

"머리카락을 잡아당기는 것은 상대방을 아프게 하는 행동이잖아요. 일종의 폭력이니 아이가 이런 행동을 계속하지 못하게 저지해야 합니다. 어떤 부모는 자녀에게 머리를 잡혀도 큰소리로 말하면 아이가 상처받을까 걱정이 돼 제대로 가르치지 않아요. 머리카락이 잡혀도 가만히 있는 부모도 있고, 다정한 목소리로 '안 돼'라고 말하는 부모도 있어요. 이런 방법은 역효과만 일으킬 뿐이에요. 아이는 어른의 뜻을 알아듣지 못할 뿐만 아니라 계속해서 폭력을 써도 괜찮다고 오해하게 됩니다."

나는 그의 말에 고개를 끄덕였다.

프로 교사는 이것이 다르다

"아이의 발달단계에 맞춰 부모와 교사의 교육방법도 달라져야 합니다. 예를 들어, 만 4~5세가 되었는데도 교사가 여전히 목소리만 높여서는 아이의 행동을 바로잡을 수 없어요. 유아는 자신에게 선생님을 화나게 만드는 능력이 있다고 생각해서 오히려 기고만장해집니다."

"그럼 깨무는 걸 좋아하는 만 2~3세 유아의 경우, 유치원 선생님은 어떻게 하면 좋을까요?"

나는 여전히 혼란스러웠다.

"방법이야 많지요!"

그는 구체적인 예를 들어 설명했다. 우선 깨무는 것이 그 나이 또래의 특성이므로 수업을 시작할 때부터 원장과 교사가 이 문제를 중점적으로 다루어야 한다. 아이들에게 깨무는 행동은 다른 사람을 해치는 것이며 상대방은 몹시 아프다는 사실을 알려준다. 그런 다음 왜 다른 사람을 깨물었는지, 자신이 깨물렸을 때 어떤 느낌이었는지 모든 학생이 돌아가며 이야기하도록 한다.

그리고 다른 사람을 깨물고 싶을 때 혹은 다른 사람이 자신을 깨물었을 때 어떻게 해야 할지를 가르친다. 자주 깨무는 아이에게는 상대방을 깨무는 것 외에 의사를 전달하는 방법을 가르친다.

그 순간 주임 선생님이 마치 지혜의 샘물을 내 머리에 들이붓는 느낌이 들었다. 그와의 대화를 통해 그동안 품었던 의문에 대략적인 해답을 얻었고 사건의 맥락을 어렴풋이 이해하게 되었다.

사고가 참사가 되기 전에

만 2~3세 유아가 깨무는 행동은 자연스런 현상이다. 그러나 유치원은 모든 방법을 동원해서 아이들이 이 시기를 무사히 넘기도록 도와주고 문제가 생기면 가능한 한 피해를 최소화해야 한다. 유치원에서 깨무는 사건이 생겼을 때 교사나 부모는 지나치게 민감하게 반응하지 말아야 한다.

그렇다고 해서 이 사건을 가볍게 여기고 그냥 넘어가서도 안 된다. 이는 아이들에게 깨무는 행동으로써 감정을 표출해도 된다고 묵인하는 것이나 다름없다.

이 사건의 피해 아이는 깨물린 상처가 스무 군데였고 한 명이 아닌 여러 명에게 깨물렸다. 만약 특정 아동의 개별적인 행동이라면 그 아이에게 좀 더 주의를 기울이고 지도하면 된다. 그러나 유치원 전체에 퍼진 보편적인 행동이라면 이는 유치원 원장과 교사가 사태를 제대로 파악하고 해결하지 못한 것으로 명백한 유치원의 과실이다. 이는 유치원의 전문성 부족을 여실히 보여주는 것이다. 그렇기 때문에 피해 아이의 부모가 이 사건의 책임이 유치원에 있다고 판단한 것이다.

"그런데 왜 교육부에 신고하지 않고 법원에 고소를 한 거죠?"

나의 궁금증은 아직도 끝나지 않았다.

"아이가 항생제, 해열제까지 먹었으니 사법부로 넘어간 거죠. 이 사건은 따로 신고하지 않아도 해당 유치원의 전문성 부족에 관해 교육부가 나서서 처리할 거예요. 법원에서 이 사건을 수리했으니 어떤 판결을 내릴지 기다리는 일만 남았어요."

주임 선생님은 이렇게 대답했다.

전국을 떠들썩하게 한 판결

몇 개월이 지나 법원의 판결이 나자 전국이 들썩였다.

법원의 판결은 다음과 같았다.

유치원 원장과 교사는 유치원에서 부모를 대신해 아이를 돌보는 역할을 맡고 있다. 이들은 만 2~3세 유아의 정서와 폭력성향을 통제하기 어렵다는 특성을 명백히 알고 있다. 그럼에도 이런 사건이 일어났다는 것은 유치원이 본연의 역할을 게을리했다고 볼 수 있다. 따라서 유치원 원장과 교사에게 '고의적 상해죄'가 있다고 결정(決定)하여, 피해자에게 사과하고 의료비와 심리치료비를 배상토록 하며 징역에 처한다.

많은 사람들은 법원에서 사과와 배상만을 명령할 것으로 예상했다. 그런데 법원은 이보다 한 단계 더 나아가 유치원 원장과 교사에게 전문성 부족에 의한 '고의적 상해죄'가 있다고 결정했다. 법원의 판결이 지나치다고 생각하는 사람이 많았다. 결국 최후의 상소심에서 유치원은 사과와 배상을 명령받았다.

이 사건을 통해 나는 아이의 행동에 대해 어른이 책임을 져야 한다는 사실을 배웠다. 또한 아이를 때리거나 야단치지 않는 교육이라고 해서 결코 인간의 본성에 근거해 맹목적으로 자유방임교육을 하는 것이 아님을 깨달았다.

교사는 이성적인 태도로 아이의 성장발달 상태를 성실하게 파악하고 실행 가능한 교육 방법을 제시해야 한다. 이때 비로소 전문성을 갖춘 인본주의 교육 목표에 도달할 수 있다.

반쪽짜리 어른 청소년

이스라엘은 자유방임교육을 표방하기 때문에 아이들은 권위에 얽매이지 않는 환경에서 성장한다. 하지만 어른의 입장에서 예의 없고 다른 사람을 배려하지 않는 청소년을 상대하는 것은 무척이나 골치 아픈 일이다. '반 어른'인 청소년에게 아무리 논리적으로 설명해도 말이 통하지 않을 때가 있는데 때리거나 야단칠 수도 없으니 이때는 어떻게 해야 하는 걸까?

우리 동네의 주민생활센터는 작은 언덕 위에 자리 잡고 있다. 그 건물 밖으로는 잔디밭이 주거단지까지 펼쳐져 있다. 그래서 지역 주민들에게 이 잔디밭은 이웃과의 만남의 장소가 된다. 날씨가 추운 1, 2월을 제외하고 거의 매일 저녁 식사를 마친 주민들은 자녀를 데리고 이곳으로 나온다. 아이들은 주민생활센터 앞쪽 잔디밭에 모여 놀고, 어른들은 담장 주위에서 두세 그룹으로 모여 이야기를 나눈다.

가끔씩 초등학교 1~2학년 남자아이들이 공을 차기도 한다. 하지만 어린 아이들이 모여 있는 곳으로는 가까이 가지 않았고 생활센터의 뒤쪽 잔디밭에서 놀았다. 아이들의 해맑은 웃음소리, 어른들이 두런두런 나누는 이야기 소리는 밤하늘에 막 고개를 내민 북두칠성 아래서 평화로운 분위기를 자아낸다.

그런데 한 무리의 중학생들이 잔디밭에 나타나면서 평화가 깨지기 시작했다. 이들은 14~15살의 남학생으로 예닐곱 명이 몰려다녔다. 어느 여름 해질 무렵, 소년들은 원래 서너 살짜리 어린아이들이 놀던 자리를 차지하고 축구를 하기 시작했다. 이들은 둥글게 서서 원을 만들고 공을 찼다. 공이 자신들이 만든 원 밖으로 나가지 않도록 세게 차지는 않았다. 하지만 아무리 조심해도 근처에서 놀고 있는 어린아이나 지나가는 사람이 공에 맞는 일이 있었다. 가끔 소년들은 공놀이에 정신이 팔려 공을 세게 찰 때가 있었다. 그러면 가끔씩 형들 노는 데 끼어 있던 초등학교 1, 2학년 아이가 공에 맞아 울음을 터뜨리곤 했다.

저녁이면 축구하는 중학생 근처에 가지 말라고 어린 자녀를 부르는 부모들의 목소리, 공에 맞은 아이의 울음소리, 어른들과 소년들이 서로 다투는 소리가 이 잔디밭을 가득 메웠다.

여기서 축구하면 안 된다고 누가 그래요?

당시 나는 임신 중이라 동작이 느렸다. 한번은 잔디밭 옆의 인도를 지나는데 공을 차는 중학생들을 보니 가슴이 철렁 내려앉았다. 원래 날렵한 편이지만 아이를 가진 후로는 늘 조심해야 했다. 나는 남편에게 배에 공이라도 맞으면 어떻게 하느냐고 불평을 했다.

그런데 이 말이 끝나기가 무섭게 축구공이 내 앞을 가로질러 날아갔다. 불룩하게 나온 배와 불과 10센티미터도 안 되는 거리를 두고 말이다. 나는 놀라서 얼굴이 하얗게 질렸고 그이 역시 화가 나서 방금 공을 찼던 남학생 쪽으로 달려갔다.

"이봐, 여기서 공을 차는 게 얼마나 위험한지 모르니!"

남편이 소년들에게 소리를 질렀다.

"아저씨, 할 말이 있으면 좋게 말하세요. 왜 소리는 질러요?"

대장으로 보이는 남학생이 불만 섞인 말투로 대꾸했다.

"여기서 공을 차면 위험하다고. 임산부나 노인이 지나가다가 너희가 찬

공에 맞으면 어쩌려고 그래?"

그의 목소리는 조금 누그러져 있었다.

"공 차는 사람을 봤으면 알아서 조심해야죠. 위험한 게 걱정되면 여기로 안 지나가면 되잖아요. 그리고 우리도 조심하고 있어요. 그동안 공에 맞은 사람도 거의 없는걸요."

남자아이는 지지 않고 대답했다.

"거의 없다는 건 맞은 사람이 있다는 뜻이잖아. 그러니까 위험하다는 거야. 축구를 하려거든 축구장으로 가야지. 거기는 공간도 넓으니 공차기도 좋고 사람들 다치게 할 위험도 없잖아. 왜 이 좁은 잔디밭에서 공을 차는 거니? 너희가 여기 있으면 다른 사람들에게 방해가 된다고. 차라리 잔디밭 반대쪽으로 가거라. 거기는 다니는 사람도 적으니까."

남편은 차근차근 설명했다. 그랬더니 소년은 이렇게 대꾸했다.

"축구장은 너무 멀어서 가기 싫어요. 그리고 매일 개방하는 것도 아니라고요."

그 아이가 멀다고 하는 축구장은 사실 5분 거리에 있었고 게다가 매일 개방했다.

"잔디밭 반대쪽은 바닥이 울퉁불퉁해서 불편해요. 아까도 말씀드렸지만 저희는 조심해서 차고 있어요. 그리고 여기서 축구하면 안 된다고 누가 그래요? 우리 동네에 그런 법이라도 있나요?"

남편의 얼굴은 붉으락푸르락 달아올랐고 아이들은 아무 일도 없었다는 듯 계속해서 공을 찼다.

성인식을 치렀다고 성인이 되는 건 아니다

어쩌면 이렇게까지 제멋대로일 수 있는지 이해가 안 됐다. 이렇게 타이르는데도 말을 듣지 않는다면 그냥 내버려둬야 한단 말인가?

"저 아이들 부모나 주민위원회와 이야기하면 되지 않을까? 아니면 경찰에게 말해보는 건 어때? 그대로 두면 많은 사람이 위험해질 거야!"

답답한 마음에 나는 이렇게 말했다.

"이스라엘 청소년들은 이래서 문제야. 자기들이 다 컸다고 생각하고 어른과 맞먹으려 든다니까. 아무튼 내가 저 애들 부모와 주민위원회 만나볼게."

남편은 여전히 화가 나 있었다.

이스라엘은 유대인 중심의 사회이다. 유대인은 전통적으로 남자는 만 13세, 여자는 만 12세가 되면 성인식을 치른다. 성인식은 무척 엄숙하고 경건한 의식으로 준비기간만 보통 반년에서 1년 정도 걸린다. 성인식을 치렀다는 것은 아이에서 어른으로 탈바꿈했다는 것을 의미한다. 어른으로서 이성적으로 생각하고 자신의 행동에 책임을 져야 하며 사회적인 의무를 이행해야 한다. 남자아이는 자전거를 수리하거나 목공일이나 화단 가꾸기 등 그동안 아버지가 하던 일을 맡아서 한다. 부모 또한 자녀를 아이가 아닌 성인으로 존중한다.

그러나 만 13세의 아이가 성인식을 치렀다고 해서 바로 어른이 될 수는 없다. 최근 인간의 두뇌에 관한 연구 결과에 따르면, 대뇌의 전두엽은 만 20세에 이르러서야 비로소 성장이 끝난다고 한다. 전두엽은 사고력, 판단력, 감정의 일부를 주관하고 집중하는 데 도움을 주며 충동을 억제하고 계획을 수립하고 실행하며 통제하는 기능을 한다.

내가 본 이스라엘 사회는 청소년을 지나치게 존중하고 포용한다. 나는 이런 환경이 아이들의 버릇을 망치거나 자신의 행동에 책임지지 않는 청소년을 길러낼 것이라고 생각했다.

권위를 내세우지 않는 어른

다음 날부터 남편은 소년들의 부모를 만나 대화를 시도했다. 그러나 집으로 돌아올 때마다 그의 얼굴은 일그러져 있었다.

대장 노릇을 하는 남학생의 부모는 남편에게 이렇게 말했다고 한다.

"그게 뭐가 문제죠? 당신 아이가 열다섯 살이 되면 그때도 지금처럼 말하게 될지 봅시다. 애들더러 잔디밭에서 공을 차지 말라고 할 수 있는지 말이오."

물론 그는 잔디밭에서 공을 차는 것이 위험하다고 인정했다. 하지만 다른 아이들이 다 거기서 노는데 자기 애만 못 가게 할 순 없지 않냐며 반문했다.

"우리 애더러 조심하라고 주의를 줄게요. 사실 우리 애나 다른 애들 다 조심하고 있어요. 다른 사람을 다치게 한 적도 별로 없고요."

부모들을 만나 이야기를 해도 소용이 없자 남편은 주민위원회에 민원을 냈다. 주민위원회에서는 이 문제에 관해 여러 차례 회의를 열었다. '처음에는 경찰을 불러서 이 일을 처리하자' 혹은 '잔디밭에 축구 금지라는 팻말을 세우자' 등의 의견이 나왔다. 그러나 결국 두 가지 방법 모두 적절하지 않다고 결론을 내렸다. 아이들이 범죄를 저지른 것도 아닌데 무슨 이유로 경찰을 부르냐는 것이었고 축구를 금지한다는 팻말을 세우면 어린이들 또한 그곳에서 공을 가지고 놀 수 없게 되기 때문이었다.

"만약에 일어날 위험성 때문에 무슨 일이든 팻말을 세워 금지한다면 다들 집에서 나오지 말고 지역 행사도 그만두어야 합니다."

주민위원회 간부는 이렇게 말했다.

그렇다면 청소년이 공을 차는 문제를 어떻게 해결할 수 있을까? 많은 사람들이 모여 의논에 의논을 거듭했고 마지막에 가서는 "청소년이 공을 차는 것이 정말 위험한 일인가?"라며 회의적인 반응을 보이는 사람도 나왔다. "위험하다고 생각되면 소년들이 공을 차는 곳을 지나가지 않으면 될 것이 아닙니까? 어린아이를 잔디밭으로 데리고 오지 말든가!"라고 말하는 사람도 있었다.

일주일이 지나고 한 달이 지났다.

주민위원회 위원들은 청소년들과 대화를 통해 해결방안을 찾으려고 시도했지만 매번 실패로 끝나고 말았다. 그러면서도 이들은 결코 '어른인 내가 안 된다고 하면 안 되는 거야!'라는 권위를 내세우지 않았다.

남학생들은 여전히 잔디밭에서 공을 찼다. 가끔 노인 혹은 어린아이가 날아오는 공에 맞았다는 얘기가 들렸다. 또 어른과 소년들이 다투는 소리가 들리기도 했다. 나는 잔디밭을 지날 때마다 둥그렇게 모여서 공을 차는 청소년들을 보며 고개를 저었다.

'정말로 대형 사고가 터져야만 저 아이들이 이곳에서 공 차는 것을 금지하려나?'

아이들의 권리가 최우선

주민위원회에서 수개월째 이 문제에 관해 옥신각신하고 있을 때 한 고등학교 여자 체육교사가 손을 번쩍 들었다.

"다들 제 말을 들어보세요. 제게 2주일의 시간을 주시면 아이들이 다시는 잔디밭에서 공 차는 일이 없게 하겠습니다."

그녀는 자세한 설명은 하지 않고 다음 회의 때 경과를 보고하겠노라고 약속했다.

2주가 지난 뒤 체육교사의 말대로 청소년들은 자취를 감췄다. 그들은 가끔 공을 가지고 잔디밭을 지나갔지만 그곳에 남아 놀지 않았다.

"제가 학교로부터 학교 대항 축구경기를 개최할 수 있는 승인을 받았어요."

체육교사가 자초지종을 설명했다.

"아이들이 축구경기에 참가하려면 정식으로 축구장에서 연습해야겠다고 생각하게 된 거죠. 잔디밭에서 대충 놀면서 공을 차는 것으로는 어림도 없으니까요."

그녀가 웃으며 말했다.

"그리고 축구장 책임자를 만났는데, 아이들 말이 맞더군요. 열쇠를 관리하는 직원이 자주 자리를 비워서 아이들이 축구장을 쓸 수 없던 거였어요. 그래서 제가 책임자에게 축구경기 기간에 아이들에게 '축구장 자원봉사자'라는 역할을 주고 열쇠를 맡기도록 요청했어요. 그렇게 되면 관리하는 직원을 대신해서 아이들이 출입문을 관리하고 순찰도 돌고 축구장 구석구석을 정리해야 하죠. 그리고 아이들에게는 부모님의 동의서를 받아오라고 했습니다. 주민생활센터의 규정에 따라 축구장을 사용하고 열심히 관리하겠다는 내용이었죠. 만약 아이들이 전등 끄는 것을 잊었다면 부모가 전기료 등의 손해를 배상하기로 했습니다."

체육교사가 선택한 방법은 탁월했다. 아이들에게 권한을 주고 적극적으로 참여하게 하는 한편 그에 따른 책임을 지도록 한 것이다.

"그럼 축구경기가 끝나면요? 아이들이 다시 잔디밭으로 돌아오면 어쩌죠?"

한 주민이 물었다.

"다른 학교 학생들과 친해져서 그쪽 학교 축구장에서 함께 축구를 하지 않을까요? 아니면 아이들이 자원봉사자로 일하는 동안 축구장에 애착이 생겨서 계속해서 그곳에서 공을 찰 수도 있지 않겠어요? 어쩌면 아이들에게 다른 관심사가 생길지 누가 알겠습니까! 우리 모두 두고 보자고요."

체육교사의 답변을 듣고 나는 여전히 의구심을 떨치지 못했다.

"아이들이 잔디밭에서 공을 차는 것이 위험하다는 걸 인정해서 그만둔 게 아니잖아."

회의가 끝난 뒤 나는 남편에게 말했다.

"여보, 당신 정말 선생님처럼 구는군. 이번에 배우지 못했으면 다음에 배울 기회가 또 오겠지. 인생은 생각보다 길다고!"

남편은 이번 일의 결과에 무척 만족스러워했다.

저녁이 되자 주민생활센터 잔디밭은 예전의 평화로움을 되찾았다. 뛰노는 아이들의 해맑은 웃음소리, 어른들의 이야기 소리…. 모든 것이 예전으로 돌아왔다.

지금도 가끔 잔디밭에서 축구공을 차던 소년들과 마주치곤 한다. 그들은 얼굴 가득 환한 웃음을 지으며 사람들에게 아는 척을 한 뒤 총총히 사라진다. 어떤 때는 가던 길을 멈추고 공을 차고 노는 어린아이에게 한 수 가르쳐주는 여유도 부린다.

남학생들을 보면서 불현듯 이런 생각이 들었다.

'그때 내가 괜한 걱정을 한 건 아니었을까?'

우리가 아는 탈무드는 진짜 탈무드가 아니다?

탈무드(Talmud)의 원뜻은 '학습' 혹은 '배움'이다. 성서에 관한 현자와 선지자들의 오랜 지혜를 수천 명의 종교인들이 치열한 토론을 거쳐 만든 엄청난 분량의 책이다. 여기엔 종교, 문화, 도덕, 전통, 법률, 건강관리 등 인간 생활의 거의 모든 면을 탐구한 내용이 담겨 있다.

서기 2세기 말경 총주교 유다(Judah Ha-Nasi)가 편찬한 미슈나를 둘러싸고 유대인 율법학자들이 오랜 시간 쌓은 논의의 집약체가 바로 탈무드다. 이후로도 계속 보완돼 6세기경에 현재의 모습을 갖췄다고 전해진다. 동양권에서 읽히는 탈무드는 사실 원전의 형식과는 전혀 다르다. 일본에서 활약하고 있는 마빈 토케이어(Marvin Tokayer)라는 랍비가 방대한 탈무드 내용 중 일부를 추려 내놓은 책을 대부분 기본으로 하고 있다.

체벌과 폭력 사이

유대교의 경전에 부모는 자식을 채찍으로 때려야 한다는 내용이 있다. 하지만 이스라엘은 이미 2000년에 세계에서 열 번째로 부모가 자식을 체벌하지 못하도록 법을 제정했다. 이스라엘에 와서 여러 해를 사는 동안 학교에서 학생을 체벌했다는 이야기는 한 번도 들은 적이 없다. 반면 어느 집의 아빠 혹은 엄마가 아이를 때렸다는 소문은 들은 적이 있다. 물론 그 사실을 인정한 부모는 아무도 없었다.

요셉은 남편의 예전 상사이다. 유대인 특유의 커다란 코에 반짝반짝 빛나는 대머리를 한 그는 늘 싱글벙글 웃는다. 나이는 대략 60세이고 우리와 이웃한 골목에 살고 있다.

그는 머리가 매우 비상한 사람이다. 대학 때 수학을 전공했지만 나중에 컴퓨터 산업이 각광을 받자 컴퓨터를 공부했다. 뛰어난 IQ와 대학 시절의 우수한 성적 덕분에 이스라엘에서 명문으로 꼽히는 대학의 정보처리학과에 들어갔는데 그때 나이가 35세였다.

남편을 처음 만났을 무렵, 내게 자신의 상사에 대해 이야기할 때면 그의 말투에 존경과 감탄이 묻어 있었다. 요셉은 논리가 분명하고 생각에 빈틈이 없는 사람이었다.

요셉에게는 두 아들이 있다. 큰아들은 인재로 가득한 이 나라에서 국가에서 주는 과학상을 여러 차례 받았다. 우수한 성적으로 학업을 마친 그는 현재 미국항공우주국(NASA)에서 일한다. 작은아들은 어려서부터 반항아였고 공부에 관심이 없었다. 그러다 성인이 되어 철이 들자 독학을 해서 지금은 이스라엘의 첨단과학 회사에서 컴퓨터 엔지니어로 일한다.

"저 집안 사람들이 똑똑한 건 유전이야. 독학하는 능력은 결코 가르친다고 되는 게 아니거든."

남편은 감탄하며 말했었다.

몽둥이가 아이 엉덩이를 기다린다?

언젠가 요셉과 이야기를 나눈 적이 있었다.

"우리 집에는 몽둥이가 아이 엉덩이를 기다리고 있죠."

유대인들은 유머가 풍부하기에 나는 그의 말을 농담으로 받아들였다. 게다가 이스라엘에서는 교사가 학생을 체벌하는 것을 금지할 뿐만 아니라 2000년에 세계에서 열 번째로 부모가 자식을 체벌하지 못하도록 법을 제정했다.

요셉과 그의 부인은 오랫동안 담배를 피웠다. 그런데 아들이 어느 날 이렇게 말하더란다.

"그렇게 계속 담배를 피우시면 손자들을 데리고 인사 오지 않겠습니다."

그 말에 부부는 주저 없이 담배를 끊었다.

내가 이스라엘에 온 지 2년 째 되는 해에 요셉의 처제가 암으로 세상을 떠났다. 요셉 부부는 고아가 된 조카를 입양했다.

요셉에 관한 이 두 가지 이야기는 동네에서 미담으로 퍼졌다. 사람들 모두 그가 자식의 의견을 받아들여 담배를 끊었다는 사실에 감탄했다. 그리고 예순을 바라보는 나이에 이제 막 초등학교에 들어간 조카를 선뜻 입양한 것에 대해 정말 사랑이 넘치는 사람이라고 입을 모아 칭찬했다.

나는 그런 요셉을 존경했다. 특히 그의 가정은 부모는 자애롭고 자식은 효도를 다하는 전형적인 모범 가정처럼 보였다. 남편은 그가 EQ(emotional quotient, 감성지수)가 낮아서 직장에서는 사람들과 자주 갈등을 일으키며 화가 나면 물건을 부수는 등 함께 일하기 어렵다고 불만을 표시한 적이 있었다. 나는 사람이란 누구나 단점이 있기 마련이라며 크게 신경 쓰지 않았다.

후에 요셉은 남편이 다니던 회사를 떠나 정부의 농업발전센터에서 컴퓨터 프로그램을 설계했다. 그리고 얼마 전 그는 프로그래머를 그만두고 지방정부의 교육문화부에서 일할 계획을 세웠다.

교육문화부에서 관장하는 업무는 매우 광범위하다. 크게는 각급 학교의 예산, 문화행사의 기획부터 작게는 주민생활센터의 쓰레기통 청소까지 관할한다. 따라서 이 부서에서 일하려면 많은 사람들과 의견을 원활하게 나눌 수 있어야 한다. 특히 각급 학교의 행정직원, 교사, 학부모와 원만한 관계를 유지해야 한다.

그렇기 때문에 아무리 계약직이라고 해도 인사를 담당하는 부서에서는 임용예정자에 대한 주민들의 인상과 평가를 중요하게 생각한다.

요셉은 학교에서 수학교사로 일한 경력이 있고 학부모위원회의 위원을 맡은 적이 있다. 이웃들은 그가 하던 일을 그만두고 새롭게 교육계로 진출하려는 계획에 대해 별다른 문제를 제기하지 않았다. 오히려 교육문화부에 새로운 바람을 불러일으킬 수 있을 거라고 낙관하는 사람도 있었다.

이러한 찬성과 격려의 목소리는 어느 날 저녁 일어난 사건으로 순식간에 사라졌다.

부모다운 부모를 강조하는 사회

여느 때와 다름없는 평범한 저녁이었다. 저녁 식사를 마친 동네 사람들은 주민생활센터 밖의 잔디밭에서 한가롭게 시간을 보내고 있었다. 요셉도 입양한 조카와 함께 잔디밭으로 나왔다. 두 사람이 실랑이를 벌이는 것 같더니 이윽고 요셉은 사람들과 떨어진 한쪽 구석으로 아이를 끌고 갔다. 이어서 그가 손을 들어 조카의 뺨을 때렸다. 당황한 아이가 몸을 돌려 달아나자 요셉은 쫓아가서 주먹으로 여러 대 치고 마지막에는 발로 찼다.

나와 남편은 그 자리에 없었기 때문에 다른 사람이 목격한 내용을 전해 들었다. 이웃집 아이 엄마는 흥분해서 그날의 사건을 전해주었다.

"당시 상황을 목격한 사람은 몇 명 되지 않았어. 사람들이 달려가서 요셉을 말렸지만 아이는 이미 흠씬 두들겨 맞은 뒤였지. 조카를 때린 그는 낯빛 하나 붉히지 않고 아무 일도 없었다는 듯 잔디밭으로 와서 사람들이 하는 이야기에 끼어들더라고. 그런 위인하고 그동안 이웃으로 지냈다니 속이 뒤집어질 것 같아."

시어머니도 이야기를 들으시고는 화를 참지 못하셨다.

"정말 부끄러운 줄 알아야지. 어른이 돼서 감정 하나 조절을 못 하다니. 그렇게 사람들 앞에서 아이를 때렸다면 집에서는 더 자주 때렸을 게다."

그 뒤 일주일 동안 어디서건 사람들은 이 일에 대해 이야기했고 다들 요셉의 행동에 분노했다. 유대 사회는 '부모다운 부모'를 대단히 강조한다. 따라서 공공장소에서 자녀에게 큰소리로 야단치는 부모는 찾아보기 어렵다. 아이가 아무리 떼를 써도 부모는 단호한 말투로 침착하게 자녀를 제지하거나 아이를 데리고 자리를 뜬다. 자식에게 화를 내거나 짜증을 내는 부모는 사람들로부터 무능하다고 손가락질 받는다. 그렇다보니 자신의 감정을 다스리지 못하고 아이를 때린 요셉을 사람들이 욕하는 것은 너무도 당연했다. 아무래도 얼마 전에 그가 내게 했던 '몽둥이가 아이 엉덩이를 기다린다'는 말은 빈말이 아니었나보다.

사건이 일어나고 이틀 뒤, 주민위원회에서 게시판에 공고를 붙였다. 요셉이 아이를 때린 사건을 강력하게 비난하는 내용이었다. 비록 실명을 거론하지 않았지만 부모가 부모답게 행동할 것을 요구하며 어떤 형태의 폭력도 금지한다고 강조했다. 또한 주민위원회에서 이미 경찰과 아동복지부에 이 사건을 신고해서 후속 절차를 진행하도록 조치를 취했다고 밝혔다.

그로부터 2주일 후 요셉은 교육문화부에서 일하려던 계획을 철회한다는 내용의 글을 게시판에 붙였다. 그가 밝힌 이유는 건강 상태가 좋지 못하다는 것이었다.

그 뒤로 할 일이 없어진 요셉이 입양한 조카와 함께 강아지를 데리고 동네를 산책하는 모습이 자주 보였다. 그는 예전처럼 웃는 얼굴로 사람들에게 인사를 건넸지만 가던 길을 멈추고 그와 이야기를 나누는 사람은 없었다. 대부분 그를 못 본 체하며 서둘러 자리를 피했다. 하지만 나는 시간이 지날수록 이 사건의 파장이 커져가는 것을 이해할 수 없었고 차츰 요셉을 동정하게 되었다.

"이건 좀 심한 거 아닌가요?"

마음 같아서는 사람들에게 이렇게 묻고 싶었다.

물론, 아이를 때린 일은 잘못된 것이다. 하지만 집집마다 남들이 알지 못하는 사정이 있는 법이며 요셉이 어떤 상황에서 아이를 때렸는지 아무도 모르지 않는가? 아이가 입에 담을 수 없는 말을 했을지도 모른다. 게다가 막 입양되었을 때 잔뜩 주눅이 들어 있던 아이가 몇 년이 흐른 지금은 쾌활하게 변한 것을 우리가 직접 보지 않았는가? 그리고 잘못을 저질렀다고 해서 그 사람을 이렇게까지 따돌려도 되는 걸까? 그가 직장을 잃게 된 것이 과연 입양된 아이에게 좋은 일일까?

나이가 많다고 해서 성숙한 어른은 아니다

어느 오후, 우리 집 식구가 산책을 나갔다. 멀리서 요셉이 강아지를 데리고 우리 쪽으로 걸어오는 것을 보자 남편은 곧장 다른 골목으로 방향을 틀었다.

"그래도 예전 직장 상사인데 꼭 이렇게까지 해야 돼?"

나는 기분이 언짢아져서 남편에게 물었다. 요셉이 우리 가족을 봤을 것이 분명했다.

"그 사람과는 인사 나누고 싶은 마음이 조금도 없어. 얼굴만 봐도 속이 뒤집어져."

남편이 말했다.

"아이를 때린 게 죽을죄도 아니고 아는 체까지 안 한단 말이야?"

갑자기 튀어나온 말에 나 자신도 깜짝 놀랐다. 내가 이런 말을 할 줄이야!

"뭐라고? 노야 엄마, 난 당신이 체벌을 반대한다고 생각했는데?"

남편이 이마를 찌푸리며 물었다.

"그래, 맞아."

나는 기어들어가는 목소리로 대답했다.

"그럼 이 사건을 보고도 왜 화를 안 내는 거야? 요셉은 우리가 지켜온 규칙을 깨뜨렸고 무식하고 난폭한 일을 저질렀다고. 매 맞은 아이의 딱한 처지를 알면서도 어떻게 화가 안 날 수 있어!"

"일시적으로 감정 조절을 못 했을 수도 있잖아. 아이가 험한 말을 했을 수도 있고…."

어느 순간 나는 요셉의 입장을 변호하고 있었다.

"그리고 그분 나이가 많잖아. 구세대 사람에게 바라는 게 너무 많다고 생각하지 않아?"

"여보, 뭣 때문에 그 사람 편을 드는 거야? 아이를 때리는 사람들은 체벌이 유용하다고 믿기 때문이지 결코 실수로 때리는 게 아니라고. 일시적인 실수였다면 부끄러워하면서 진심으로 사과했을 거야. 하지만 당신도 요셉이 쓴 글을 봤잖아. 그는 자신의 잘못을 전혀 인정하지 않고 있어. 그 글 때문에 사람들이 더 화가 난 거야."

남편은 한숨을 길게 내쉰 뒤 내게 다시 설명했다.

"설사 아이가 험한 말을 했다 치더라도 아직 어린애잖아. 아이와 똑같이 행동한다는 것은 어른으로서 무능하고 유치하다는 걸 의미하지. 그런 이유로 아이를 때려서는 안 돼. 당신 말대로 그가 나이 많은 건 사실이야. 하지만 나이가 많다고 해서 새로운 생각을 받아들이지 않아도 된다는 것은 아니지. 만약 새로운 사고방식을 따라가지 못한다면 21세기에 그는 일할 곳 없는 무능한 아버지일 뿐이야. 더구나 교육 쪽 일을 맡는다는 것은 어불성설이지."

"그렇더라도 이렇게까지 궁지로 내몰 필요가 있을까? 법을 어긴 행동에 대해선 사법적인 처리가 이미 내려졌고 아동복지부에서도 하루가 멀다 하고 집에 찾아오잖아. 이웃 사람들 모두 그에게 아는 척도 안 하는데 이건 일종의 왕따 아니야?"

나의 질문은 계속 이어졌다.

"그건 그가 왕따 당할 행동을 했기 때문이야. 우리가 왜 가해자를 받아주어야 하지? 어떤 이유를 둘러대더라도 그의 행동은 용납될 수 없어."

남편은 참을성 있게 설명을 계속했다.

"나는 당신이 말한 왕따가 무슨 의미인지 모르겠어. 요셉은 이 동네에서 오랫동안 살았고 모두들 그를 잘 알고 있지. 그래서 더 받아들이기 힘든 거야. 사람들이 요셉에게 돌을 던진 것도 아니고 그와 이야기하려는 사람을 막은 것도 아니잖아. 요셉에게 동네에서 떠나라고 요구하지도 않았다고. 시간이 지나고 사람들의 분노가 수그러들면 다시 그를 받아들일 수도 있을 거야. 사람들이 분노하는 것은 요셉에게 우리의 메시지를 알리기 위해서라고. 비록 본인은 아이를 때리는 것이 잘못이 아니라고 생각하더라도 다른 사람들은 그의 행동을 찬성하지 않는다는 것을 알리려는 것이지."

체벌에 대한 동서의 문화 차이

남편의 말을 듣고 나니 상황을 조금 이해할 수 있었다. 이곳 이스라엘 사람들이 부모가 아이를 때리는 사건을 접했을 때 분노하는 이유는 그런 일이 흔하지 않기 때문이다. 반면 나는 이런 일을 접해도 크게 분노하지 않는다. 요셉처럼 뺨을 때리고 발길질하는 경우는 드물지만 동양에서 부모가 잘못한 자녀를 때리는 것은 흔한 일이기 때문이다. 실제로 대만의 친구들은 필요한 경우 아이에게 벌을 주고 때리기도 한다. 그래서 나는 부모가 자녀를 때리는 사건에 분노하면서도 이 나라 사람들만큼 심각하게 받아들이지는 않는 것이다.

앞에서도 말했지만 이스라엘은 교사가 학생을 체벌하지 못하도록 규정했고, 2000년에는 세계에서 열 번째로 부모가 자녀를 체벌하지 못하도록 법으로 금지하는 나라가 되었다. 나는 그동안 아이를 체벌하지 않는다는 이념이 법관과 교육가에 의해 주도되었을 것이라고 생각했다. 그러나 요셉 사건을 겪은 뒤에야 비로소 사회 전체가 이 이념에 공감하고 있다는 사실을 깨달았다. 그래서 아이를 때린 부모는 법률적인 제재를 받을 뿐만 아니라 가족과 사회로부터 질타와 냉대를 받게 된다.

어느 날 저녁, 나는 혼자서 우유를 사가지고 집으로 오는 길에 아이와 함께 강아지를 데리고 나와 산책하는 요셉을 보았다. 그는 전과 다름없이 반가운 기색으로 내게 인사를 건넸고 나 역시 공손하게 인사했다.

어른과 어린 아이 두 사람의 점점 멀어지는 그림자를 보며 나는 문득 이런 생각이 들었다. 요셉의 폭력적인 행동을 제지하고, 그가 좋은 아버지가 되도록 이끌 수만 있다면 이스라엘의 냉정한 법과 사람들의 태도도 나름 괜찮은 방법이라고 말이다.

음식 먹을 권리는
아이에게 있다

이스라엘의 교육철학이 내게 알려준 것은 모든

아이에게는 자신만의 시간표가 있다는 것이다.

따라서 몇 살이 되면 반드시 무엇을 할 줄 알아

야 한다고 조급해하지 않는다.

다른 아이보다 걸음마를 빨리 시작하거나 글자

를 남들보다 빨리 익히는 것은 이들 부모에게 중

요하지 않다.

모유를 사수하라

나는 모유를 먹일 때가 인생에서 가장 행복하고 만족스러운 순간이라고 생각한다. 그런데 모유 수유는 험난한 여정이라 나는 이 길을 걸으며 넘어지고 부딪히기를 거듭했다. 다행히도 이곳 이스라엘 사람들의 도움을 얻어서 모유로 아이를 키우겠다는 소망을 끝내 이룰 수 있었다.

나는 결코 아이에게 모유만을 수유해야 한다고 주장하는 것이 아니다. 아기가 엄마의 젖을 먹지 못하더라도 튼튼하고 똑똑하게 자랄 수 있음을 잘 알고 있다. 다만 젊었을 때 모유 수유에 관한 사진집을 본 이후로 엄마와 아기가 서로 나누는 교감과 친밀함에 끌려 '나중에 아기를 낳으면 꼭 모유 수유를 해야지'라고 결심했던 것이다.

첫째 아이를 낳은 뒤 모유가 부족하다고 생각해서 분유도 같이 먹었다. 큰애는 생후 6개월에 접어들어 젖을 뗐다. 첫째에게 모유 수유를 제대로 하지 못한 게 아쉬웠던 나는 둘째 때는 반드시 모유 수유에 성공해야겠다고 다짐했다.

하지만 하늘은 나의 의지와 결단력을 시험하려고 했나보다. 둘째 때도 제왕절개 수술을 했고 복용한 약에 알레르기가 생겨서 나는 모유 수유의 최적기를 놓치고 말았다. 내가 수술 후 회복하는 동안 남편이 이미 아기에게 분유를 먹였다.

많은 사람들이 아기가 일단 분유를 먹은 뒤에는 모유를 먹이기가 쉽지 않다고 했다. 그래도 나는 포기하지 않았다. 침대에서 일어나 움직일 수 있게 되자 나는 아기에게 부지런히 젖을 물렸다.

모유 수유에 관한 몇 가지 조언

퇴원하기 전, 나는 신생아실 수간호사에게 아기를 모유로만 키우고 싶다는 뜻을 알렸다. 그녀는 매우 반가워하며 모유 수유에 도움이 되는 충고를 아끼지 않았다.

1. 아기에게 먼저 젖을 물리고 난 뒤 젖병을 물려야 한다. 이 순서를 절대로 바꾸어서는 안 된다. 짜놓은 젖을 먹이기보다는 가급적 직접 젖을 물리는 것이 좋다.

2. 매번 최소 40분 이상 젖을 물려야 한다. 신생아는 빠는 힘이 약해서 한쪽 젖을 15분 이상 빨지 않으면 '후유[後乳, 일반적으로 모유는 전유(前乳)와 후유로 나뉜다. 전유는 산모가 처음으로 짜내는 젖으로, 수분과 단백질이 풍부하며 묽다. 전유 다음에 나오는 후유에는 지방, 유당 등 영양이 풍부하며 상당히 진하다]'를 먹지 못해서 금세 배고픔을 느낀다. 따라서 시간이 충분하다면 한쪽 젖은 20분 이상 물리고 나머지 젖은 아이가 울거나 잠이 들 때까지 물리는 것이 좋다. 퇴원 후 적어도 일주일은 이렇게 하는 것이 좋다.

3. 2시간에 한 번씩 젖을 물린다. 예를 들어 아기가 7시에 젖을 먹기 시작해서 7시 40분에 다 먹었다면 9시에 다시 젖을 물리면 된다.

4. 퇴원 후 매일 한 번 분량의 분유는 생략해도 된다. 만약 모유만으로

아기를 배불리 먹일 자신이 없다면 모유를 먹인 뒤 30cc의 분유를 준다.

5. 젖이 잘 나오려면 매일 3000cc 이상의 물을 마셔야 한다.

수간호사의 말에 따르면, 모유와 분유를 함께 먹일 때 가장 큰 문제는 아기가 젖꼭지를 가리는 것이다. 보통은 빠느라 힘을 들이지 않아도 되는 분유병의 젖꼭지를 선호한다. 만약 여러분의 아기가 젖꼭지를 가리지 않는다면 모유만으로 수유할 수 있다는 신호이다.

그 외에 수간호사는 산모가 자신의 몸을 잘 챙겨야 한다고 강조했다.

"엄마들은 아침 일찍 일어나 저녁 늦게까지 활동하기 때문에 무척 피곤해합니다. 그래서 모유의 양이 저녁에 줄었다가 한밤중이 되어서야 원래대로 회복되지요. 몸이 너무 피곤하면 남편에게 아기를 맡기고 분유를 먹이세요. 푹 쉬고 나서 다음 날부터 새로 시작하면 됩니다."

그녀는 마지막으로 이렇게 당부했다.

"모유 수유를 포기해서는 안 됩니다. 어떻게든 젖을 먹이는 것이 전혀 먹이지 않는 것보다 훨씬 나으니까요. 그리고 모유 수유를 하다가 어려운 점이 있으면 집에서 가까운 곳에 있는 '젖 한 방울(신생아와 유아의 건강, 예방접종을 책임지며 신생아의 조기치료에 관한 정보를 제공하는 보건소와 비슷한 시설)'의 간호사에게 도움을 청하세요."

엄마가 편해야 아기가 편하다

퇴원하고 난 뒤에도 도움을 받을 곳이 있었다니! 이 사실을 알고 나는 뛸 듯이 기뻤다.

집으로 돌아오자마자 나는 집 근처의 '젖 한 방울'에 전화를 걸어 도움을 구했다. 그곳의 간호사가 곧바로 우리 집을 방문했다. 그녀는 필요한 내용을 확인하고는 내게 한 달 동안은 가급적 외출하지 말고 집에서 쉬며 모유량을 확보하라고 했다.

"젖이 돌게 하는 가장 좋은 방법은 아기에게 젖을 물리는 거예요. 젖을 물릴수록 모유의 양이 늘어나죠."

그녀는 1리터짜리 물병을 준비해서 매일 잊지 말고 마시라고 알려주었다. 그리고 나중에라도 궁금한 점이 있으면 언제든 전화로 문의하라고 당부했다. 필요한 경우에는 다시 방문하겠다는 약속까지 했다. 나는 간호사와 만난 뒤 자신감이 불끈 솟았다.

이렇게 모유 수유를 한 지 일주일이 지나자 젖이 눈에 띄게 늘었다. 그런데 아기가 젖꼭지를 심하게 가리기 시작했다. 처음에는 젖을 잘 먹지 않았다. 분유를 다 먹은 뒤에도 아쉬운지 계속 젖병의 젖꼭지를 빨았지만 젖을 물리면 먹지 않았다.

사실 이런 일은 큰애 때도 똑같이 일어났었다. 다른 점은 내가 느끼기에도 그때보다 젖이 많이 나오고 유방도 불었다는 것이다. 큰애 때는 지금과 같이 중요한 순간에 마음이 약해져서 아기가 보채기만 하면 바로 젖병을 물렸다. 그러다보니 나중에 큰애는 젖을 물려고 들지 않았다. 그래서 이번에는 계속해서 마음속으로 다짐했다. 반드시 먼저 젖을 먹이고 나서 분유를 주겠다고 말이다.

이때 아기가 배가 고프거나 배가 덜 찼다고 생각되는 것은 단지 추측이라는 것을 잊지 말아야 한다. 아기가 젖을 먹은 뒤에도 계속 끙끙거린다고 해서 아직 배가 덜 찼다고 단정할 수 없다. 이때는 몇 가지 실험을 해서 확인해야 한다.

내가 했던 방법은 이렇다. 우선 모유를 먹인 뒤 다른 일을 하는 것이다. 전화를 건다거나 화장실에 다녀오거나 베란다의 화초에 물을 주며 아기의 시야에서 벗어나는 것이다. 만약 아기가 몇 분이 지나도 젖을 달라고 보채지 않으면 배가 찼다는 것이다. 아기가 심통을 부린다면 다시금 젖을 물리고 나서 분유를 먹이면 된다. 이 방법으로 나는 여러 번 성공했고 차츰 낮에 먹이는 분유의 양을 줄일 수 있었다.

이렇게 며칠이 지나면 낮에 분유를 먹이지 않아도 아기는 밤새 깨지 않고 그대로 자게 된다. 다만 잠자기 전에 60cc의 분유는 계속 먹였다.

나는 이 60cc의 분유에 상당히 의지했다. 이걸 먹고 나서야 아기가 잠이 들고 그래야 나도 잠을 잘 수 있다고 생각했다. 게다가 매일 밤 9시가 넘으면 둘째는 젖을 심하게 찾았다. 보통 한 번 젖을 빨면 한두 시간이 넘었고 그때쯤 되면 젖꼭지는 새빨갛게 변했다. 그런데도 아기는 성에 차지 않는지

툴툴거렸다. 아이 둘을 돌보고 집안일 하느라 매일 밤 이 시간이 되면 내 인내심과 체력이 모두 바닥이 났다. 아기가 보채는 소리가 들리면 짜증이 솟아서 그저 아기가 잠이 들기만 한다면 술이라도 몇 모금 먹이고 싶을 정도였다.

정작 엄마인 나만 모르고 있었네

나중에 유치원에서 일하는 친구가 찾아와서 나의 하소연을 듣더니 이렇게 물었다.

"노야 엄마, 둘째가 밤새도록 깨지 않고 잠을 잔다고 하지 않았어?"

나는 고개를 끄덕였다.

"낮에 모유만 먹이다가 재우기 전에만 분유 60cc를 먹인다고 했지?"

나는 다시금 고개를 끄덕였다.

"노야 엄마는 아기가 분유를 먹었기 때문에 배가 불러서 밤새 깨지 않고 잔다고 생각하는 모양인데, 고작 60cc로 배가 부를 리는 없어. 내 생각엔 분유 60cc를 굳이 먹일 필요는 없을 것 같은데."

모유 수유만으로 아기는 충분히 배가 부르다는 사실을 정작 엄마인 나만 몰랐던 것이다.

"아기가 배가 부른지 아닌지 어떻게 확인해?"

"유아용 젖꼭지를 물려봐. 젖꼭지를 물리면 아기가 졸린지 배고픈지 쉽게 알 수 있어."

친구는 바로 그 자리에서 아기에게 유아용 젖꼭지 물리는 법을 보여주었다. 유아용 젖꼭지만 물리면 바로 뱉던 아기가 친구의 노련한 손놀림에 얼마 지나지 않아 젖꼭지를 빨기 시작했다.

그날 저녁 아기가 젖을 먹은 뒤에도 젖꼭지를 입에서 떼지 않으려 했다. 나는 한참을 망설이다가 친구가 가르쳐준 방법대로 아기 입에 유아용 젖꼭지를 물려주었다. 처음으로 한 시도였는데 의외로 성공이었다. 아기는 5분 정도 젖꼭지를 힘껏 빨더니 스르르 잠이 들었다. 분유를 먹지 않고도 무려 7시간을 내리 자는 신기록까지 달성했다. 모유만 먹이는 일이 내가 생각했던 것만큼 그렇게 어려운 일이 아니었던 것이다.

그날부터 둘째는 모유만 먹여서 키웠다. 그때가 생후 3주하고 1일째였다.

모유만 먹이기 위해 준비했던 2주가 넘는 시간 동안 보건소의 간호사, 친구, 시어머니, 남편 모두 나의 든든한 후원자였다. 보건소 간호사는 세 번이나 우리 집을 방문해서 내가 모유 수유하는 상황을 지켜보았다. 친구와 시어머니는 매일 나의 불평을 묵묵히 들어주었고 내가 확신이 서지 않을 때 아이디어를 제시하고 응원해주었다. 남편은 누구보다 내가 필요로 할 때 듬직하게 내 곁을 지켜주었다.

지금 와서 그때 일을 돌이켜보면 모유 수유에 성공할 수 있었던 요인은 '나는 할 수 있어'라는 믿음과 모르는 것이 있으면 주저하지 않고 묻는 태도였다. 주변에 흔쾌히 도움을 주는 손길이 있었다는 것 역시 크나큰 행운이었다. 비록 처음에는 쉽지 않았지만 그래도 마지막에 가서는 아기를 모유만으로 키운다는 꿈을 실현할 수 있었다.

사고력을 강조한 천재 유대인, 아인슈타인

아인슈타인이 미국에 건너가고 얼마 안 됐을 때의 일이다.

미국인들은 천재라고 불리는 그를 시험해 보고자 갖가지 수를 썼다. 아인슈타인은 그들의 기대에 어긋나지 않게 어떤 질문이든 유쾌하게 답하려고 했다.

하지만 어떤 기자가 그를 골딩 먹일 심산으로 뜬금없이 "음속(소리가 퍼져나가는 속도)의 값은 얼마입니까?"라고까지 묻자 인내심이 바닥을 드러냈다. '유치한' 질문들에 한계에 부딪힌 그가 말했다.

"교육의 목적은 정보습득이 아닙니다. 사고하는 법을 훈련하는 것, 그게 교육의 본질이지요."

그는 계속해 말을 이어갔다.

"단편적인 지식은 책만 뒤지면 바로 알 수 있습니다. 교육의 수준을 높이려면 학생들이 문제를 사고하고 탐구하는 능력을 키우는 데 초점을 맞춰야 합니다. 인류는 역사상 대부분의 문제를 사유하는 능력과 지혜로 해결했지 책을 뒤져 해결한 건 아니었습니다."

아가야,
엄마도 잠 좀 자자

아기는 자기만의 활동주기가 있다. 절대 아기가 태어나자마자 어른이 정한 시간에 따라 먹고 자도록 강요해서는 안 된다. 갓 태어난 아기를 대하는 부모가 가장 먼저 해야 할 일은 빠른 시간 내에 아기의 습성을 파악하는 것이다. 아기가 잠자고 움직이는 시간을 관찰하라. 이를 토대로 활동주기를 조정할 수 있다.

큰딸 노야는 생후 5개월이 될 때까지 밤새 깨지 않고 잠을 잔 적이 없었다. 한밤중에 깨어나서 젖을 먹은 뒤 한두 시간이 지나야 다시 잠이 들었다. 나는 어떻게 해야 할지 몰랐고 몸은 더욱 피곤해졌다.

어느 날 영아반 주임 선생님에게 하소연을 하며 도움을 구했다.

그는 내게 신생아가 한밤중에 잠을 자지 않는 생리적인 원인부터 차근차근 설명해줬다. 엄마 배 속에 있을 때부터 아기에게는 이미 자신만의 활동 주기가 있다. 아기는 세상에 태어난 뒤에도 엄마 배 속에 있을 때의 시간표에 따라 잠을 자거나 논다. 이것이 바로 갓난아기가 한밤중에 갑자기 깨어나 초롱초롱 눈망울을 빛내며 노는 이유이다. 아기가 태어난 뒤에는 차츰 수면 시간을 조절해서 낮에는 깨어 있고 밤엔 잠을 자도록 유도해야 한다. 이스라엘 유아교육계에서는 이것을 '시차 조정'이라고 부른다.

물론 아기가 밤중에 깨는 이유는 배고픔, 질병, 복통, 발열, 추위, 지저분한 침구로 인한 가려움, 대변 등 다양하다. 주임 선생님은 내게 일반적인 상황 즉, 아기가 건강하고 배불리 먹었고 옷과 침구가 깨끗하며 방의 온도가 적당하다는 전제 하에 아기가 깨지 않고 자는 방법을 알려주셨다.

이곳 이스라엘에서는 만 1세 미만의 아기에게 사랑과 안도감을 느끼게 하는 것을 무엇보다 중시한다. 따라서 이들이 고안해 낸 방법은 기본적으로 아기의 습성에 맞추어 매일 조금씩 조정하는 것이다. 따라서 시간은 다소 걸리지만 상당히 실용적이다.

둘째를 낳은 뒤 이 방법으로 시차를 조정했더니 3주가 지나자 하룻밤 내내 잠을 자기 시작했다. 딱 한 번 생후 4개월이 되었을 때 갑자기 밤중에 깨서 젖을 찾았는데 젖을 먹은 뒤에는 다시 잠이 들었다.

다음은 아기가 밤새 깨지 않고 자게 하는 방법이다.

준비단계

1. 아기의 체중

일반적으로 아기의 체중이 5kg이 넘어야 성공률이 높다. 5kg가 넘으면 위의 용량도 커지기 때문에 쉽게 배고픔을 느끼지 않고 잠을 오래 잘 수 있다.

2. 아기의 활동주기 파악

아기는 자신만의 기호가 있고 잠자고 노는 시간이 있다. 이것은 엄마 배 속에 있을 때부터 이미 형성된 것이다. 갓 태어난 아기를 대하는 부모가 가장 먼저 해야 할 일은 빠른 시간 내에 아기의 습성을 파악하는 것이다. 아기가 잠자고, 먹고, 움직이는 시간을 관찰하라.

이를 토대로 활동주기를 조정할 수 있다. 절대 아기가 태어나자마자 어른이 정한 시간에 따라 먹고 자도록 강요해서는 안 된다.

신생아의 먹고 자는 습관에 관해 최근 이스라엘에서 유행하는 학설은 크게 두 가지다.

첫째, 아기가 잘 때 방해하지 말라. 자는 동안 아기의 성장을 도와주는 몇 가지 호르몬이 분비된다.

둘째, 아기가 배가 고플 때 젖을 먹여라. 절대 시간을 정해 두고 먹이지 말라.

그래서 둘째 마야가 태어난 뒤 병원에 있을 때부터 나는 마야의 행동을 관찰했다. 아기는 잠이 깨면 배가 고파 울었다. 그러면 간호사가 달려와 기저귀를 갈아준 뒤 젖을 먹이도록 내게 데려왔다. 3일째 되는 날부터 둘째의 활동주기가 파악됐다. 마야는 3시간마다 한 번씩 젖을 먹고 잠이 깨면 1시간 또는 1시간 반이 지난 뒤에야 다시 잠이 들었다. 그 후 1시간에서 1시간 반이 지나면 깨어났는데 밤에도 같은 패턴을 보였다. 그러나 매일 오후가 되면 4~5시간 정도 상당히 오랜 시간 잠이 들었다. 이것은 한 번에 5~6시간 동안 젖을 먹지 않고도 버틸 수 있다는 뜻이었다. 며칠을 꾸준히 관찰한 결과 마야의 주기는 더욱 분명해졌다. 만약 아기가 4~5시간을 계속 자는 습관을 발견한다면 아기의 시차를 조정해도 된다. 그리고 이때 부모는 아기가 하루에 먹는 젖이나 분유의 양을 기억해야 한다.

3. 침실등 준비

아기가 자는 침실에 조도가 낮은 등을 준비하라. 아기가 잘 때 방은 어두울수록 좋으며 어른이 한밤중에 일어나서 넘어지지 않을 정도면 무난하다.

4. 모유 수유 의자 준비

모유를 먹이는 엄마라면 편안하게 기대어 앉아 모유를 먹일 수 있는 의자가 있는 게 좋다. 혹은 아기와 함께 누워서 젖을 먹이는 것도 한 가지 방법이다. 분유를 먹이는 경우, 잠자기 전에 미리 물과 분유를 필요한 양만큼 준비해두어라. 그래야만 밤에 일어나서 분유 타는 시간을 최대한 아낄 수 있다.

낮에 주의할 사항

1. 젖을 충분히 먹여라

일반적으로 아기들은 3~4시간에 한 번꼴로 젖을 먹는다. (물론 2시간마다 먹는 아기들도 있다) 분유를 먹이는 경우에는 매번 먹을 때마다 양을 따질 필요가 없다. 주의해야 할 점은 하루에 몇cc를 먹이느냐이다. 다시 한 번 강조하자면, 처음에는 아기의 활동주기에 따라야 한다. 아기가 먹고 싶을 때 먹이고, 원치 않으면 억지로 먹이지 말아야 한다. 이렇게 1~2주일이 지나면 평균치가 나오게 되고 엄마는 아기가 하루에 대략 얼마나 먹는지 가늠할 수 있다.

절대 '아기 체중 몇kg이면 우유 몇cc를 먹여야 한다'는 고정관념을 버려야 한다. 명심하라! 아기도 어른과 마찬가지로 독립된 개체이지 로봇이 아니다. 자신만의 입맛이 있기 때문에 매번 같은 양을 먹을 수는 없다.

2. 낮에 너무 오래 재우지 말라

어른과 마찬가지로 아기도 낮에 잠을 많이 자면 밤에 오래 자지 못한다. 그렇다면 얼마나 오래 자야 많이 잔다고 하는 걸까? 보통 3시간 이상이다. 30분, 1시간 반, 3시간 모두 적당한 수면주기이다. 만약 자고 있는 아기를 깨워야 한다면 이 주기를 참고하면 된다. 나는 둘째 아이가 낮에 잠이 들면 3시간이 넘지 않는 한 깨우지 않았다. 물론 외출을 해야 하는 등 특별한 일이 있다면 굳이 아기가 깰 때까지 기다릴 필요는 없다. 아기가 많이 피곤해한다면 아무리 주변이 소란스럽더라도 다시 잠이 들 것이다. 단, 아기가 병이 나거나 몸이 좋지 않으면 자는 아기를 깨우지 말아야 한다.

3. 낮에 충분히 활동하게 하라

아기도 어른처럼 많이 움직이면 밤에 잠을 잘 잔다. 하지만 갓 태어나서 아무 활동도 할 수 없는 아기는 어떻게 해야 할까.

(1) 엎드려서 고개 드는 연습을 한다. 생후 한 달이 지난 아기라면 엎드려서 고개를 드는 연습이 가장 좋은 운동이다. 일반적으로 아기들은 엎드려 있는 것을 싫어한다. 신체 중에서 머리가 가장 크고 무겁기 때문에 엎드린 채 머리를 들려면 중력과 씨름을 해야 하기 때문이다. 그러나 고개를 드는 연습은 몸 뒤집기, 기어 다니기 등의 기초가 되므로 많이 연습할수록 좋다. 처음에는 한 번에 20초가 적당하다. 아기가 싫어하지 않으면 좀 더 시간을 연장하고 하루에 4~5회로 늘려도 좋다. 생후 3개월이 지나면 깨어있을 때는 아기를 엎드린 자세로 눕히는 것이 좋다. 아기의 성장발달에 좋을 뿐만 아니라 운동도 되기 때문에 밤에 잠을 잘 자게 된다.

(2) 아기와 놀아줘라. 눈을 맞추고 아기에게 말을 하거나 장난을 치고, 노래를 들려주면 아기의 대뇌가 자극을 받는다. 아기는 청각, 시각의 자극을 많이 받을수록 머리가 좋아지기도 하지만 그만큼 쉽게 피로를 느낀다.

(3) 아기와 함께 산책을 나가라. 아기를 유모차에 눕히고 햇빛을 가린 상태에서 위쪽의 풍경을 보게 해주면 좋다. 주변 사물에 호기심을 느끼고 시각, 청각, 후각 등에 자극을 받는다.

(4) 잠자기 전 목욕을 오래 하라. 저녁에 잠자리에 들기 전 아기를 목욕시킬 때 시간을 길게 갖는 것이 좋다. 아기를 욕조에서 놀게 한 뒤 목욕 후 마사지를 해주면 깊은 잠을 잘 수 있다.

4. 아기가 깨어있는 시간을 가능한 연장하라

만약 아기가 깨어나서 1시간 반에서 2시간이 지나야 잠을 잔다면 긴 수면을 취하기 전 아기가 깨어있는 시간을 2시간 넘게 연장한 뒤 재우는 것이 좋다.

한밤중에 아기가 깨어났을 때

1. 깬 원인을 찾아라

아기가 깨서 운다고 해서 반드시 배가 고픈 것은 아니다. 실내 온도, 소음이나 모기 등 외부 요인 때문에 깰 수도 있다. 엄마는 우선 아무 소리도 내지 말고 아기의 침대를 가볍게 흔들어주고 아기에게 유아용 젖꼭지를 물려보라. 이때 아기와 눈을 마주쳐서는 안 된다. 아기가 곧 조용해지면 눈을 감거나 잠이 들 때까지 침대를 흔들어준 뒤 자리를 떠나면 된다. 이때 엄마가 곧바로 아기를 안으면 오히려 반쯤 잠든 아기를 되레 깨우게 되어 다시 재우려면 훨씬 더 긴 시간이 걸린다.

2. 잠에서 완전히 깨지 않도록 주의하며 젖을 먹여라

(1) 아기를 안기 전에 미리 분유를 타 놓는다.

(2) 우선 냄새로 기저귀를 확인하고 대변을 보지 않았거나 소변이 가득 차지 않은 경우라면 기저귀를 갈지 않는다. 기저귀를 갈면 아기가 잠에서 완전히 깨게 된다.

(3) 이 모든 과정에서 아기에게 말을 걸거나 노래를 불러주지 않는다. 눈 마주치는 것도 되도록 피한다.

(4) 젖을 먹일 때 조도가 낮은 등을 사용하라.

(5) 젖을 다 먹이고 트림까지 했다면 기저귀를 다시 한 번 검사한다. 그러고 나서 아기를 자리에 눕힌다.

3. 젖을 다 먹고 자리에 누운 뒤에도 잠을 자지 않는 경우

(1) 아기가 큰 소리로 울거나 소리를 지르지 않으면 침대에 누워 혼자서 놀게 두어라. 아이가 소리를 낸다고 곧바로 안아주면 안 된다. 만약 아기가 엎드려 잔다면 엉덩이를 가볍게 두드려 주고 위로 향해 자면 시선이 마주치지 않도록 한다.

(2) 아기가 3분 이상 크게 울면 안아 올려서 가볍게 흔들어주고 조용해지거나 잠이 들면 침대에 눕힌다.

(3) 아기가 여전히 잠들지 않으면 위의 동작을 반복한다. 부모가 아기의 시차를 조정할 때 가장 기본이 되는 것은 아기로 하여금 밤은 잠자는 시간이고 낮은 노

는 시간임을 알게 하는 것이다. 따라서 낮에는 다양한 사물을 보여주고, 소리를 들려주고, 아기 스스로도 많이 움직이게 한다. 하지만 밤에는 말을 하지 말고 전등도 어둡게 조절한다. 이렇게 밤에 모든 자극을 줄이면 아기도 조용해진다. 외부의 자극이 줄면 아기는 쉽게 잠들고 이렇게 해서 차츰 시차를 조정할 수 있게 된다.

스토리텔링이 미래의 스티븐 스필버그를 낳는다

〈ET〉, 〈쥬라기공원〉, 〈인디애나존스〉로 유명한 스티븐 스필버그 감독. 그는 유대인이 낳은 세계적인 영화감독이다.

이들 영화에서 보이는 그의 풍부한 상상력과 탄탄한 구성력은 대체 어디서 나오는 걸까? 그 배경에는 '스토리텔링'이 있다. 스토리텔링이란 '스토리(story) + 텔링(telling)'의 합성어로서 자신의 생각을 다른 이에게 전달하는 것을 의미한다. 방법은 다양하다. 말로 하거나, 글로 쓰거나, 그림이나 영상을 보여주는 방법이 있다.

탈무드는 성경의 가르침을 어린이들의 눈높이에 맞춰 가르치기 위해 만든 '스토리텔링' 책이다. 어린 시절부터 탈무드를 읽으며 상상력과 스토리텔링 능력을 기른 유대인들은 이야기 하기를 좋아할 뿐만 아니라, 화술도 좋다.

스토리텔링 동화책을 따로 살 필요는 없다. 엄마가 일방적으로 아이에게 책을 읽어주는 선에서 끝내지 말고, 줄거리나 등장인물에 대해 아이가 생각을 말할 수 있도록 질문을 해보자.

스토리텔링의 주체는 엄마가 아닌 바로 아이 자신이다.

굿바이, 기저귀

유아가 옷에 대소변을 보았을 때 야단을 쳐서는 안 된다. '너 바보니? 화장실 가라고 했는데 어째서 그걸 못해?' 같은 말은 아무런 도움도 되지 않는다.

그렇다고 해서 아이에게 옷에 실수를 해도 괜찮다는 생각을 심어주어서도 안 된다. 부모의 반응이 너무 답답하면 아이는 그렇게 해도 된다는 일종의 허락으로 받아들여 화장실에 가지 않으려 할 수 있다.

기저귀 떼는 과정에서 부모가 지나치게 개입하면 부모와 아기 사이의 친밀도가 깨질 수 있다. 아이가 먹지 않으면 억지로 떠먹일 수라도 있다. 하지만 화장실에서 용변을 제대로 보지 못하면 부모는 화를 내는 것 외에 달리 할 수 있는 일이 없다. 따라서 많은 부모들이 불안과 짜증을 자녀에게 쏟아 붓고 아이는 더욱 긴장하게 된다. 부모와 아이가 기저귀 떼기라는 어려운 숙제를 무사히 끝내려면 유아의 성장 발달에 기초하여 적합한 방법을 사용해야 하고, 아이에게 주도권과 동기를 부여해야 한다.

현재 이스라엘의 유치원에서는 유아가 생후 18개월이 넘기 전에 기저귀 떼는 것을 권장하지 않는다. 만 2세 이후에 기저귀 떼기 훈련을 진행하는 것을 가장 바람직하다고 보고 있다. 이 훈련을 신속하고 무리 없이 끝내기 위해서는 부모와 아이가 모두 준비되어 있어야 한다. 만 2세 이후 유아의 생리적인 발달이 다음에서 열거하는 항목에 부합한다면 기저귀 떼는 훈련을 시작해도 된다.

1. 말로 자기 생각을 전달할 수 있다.
2. 혼자서 바지를 벗을 수 있다.
3. 생리적인 욕구를 참을 수 있다.
4. 잠자리에 들기 전 분유를 더 이상 먹지 않는다.
5. 자신의 침대에 스스로 오르내릴 수 있다.

기저귀를 떼기 위해 주의해야 할 사항과 훈련 방법은 다음과 같다.

기저귀 떼는 시기

1. 가능한 만 2세에서 만 3세 반 정도에 훈련을 시작하는 것이 좋다. 생후 18개월 이전의 유아는 방광근육이 완전하게 발달되지 않았기 때문에 자주 화장실에 가야한다. 또한 이해력이 부족해서 훈련하는 데 시간이 오래 걸린다.

2. 화장실 가는 것에 흥미를 느끼고 그와 관련된 질문을 할 때

3. 기저귀가 소변에 젖거나 대변으로 더러워졌을 때 유아가 그 사실을 거북해하거나 불쾌해할 때

4. 기저귀에 대소변을 본 후에 자신의 기저귀가 깨끗하지 않다는 것을 어른에게 말할 수 있을 때

5. 유아 스스로 기저귀 차는 것을 원치 않거나 유아용 변기에 소변이나 대변을 성공적으로 본 적이 있을 때

6. 기저귀 가는 시간의 간격이 늘어났을 때

7. 낮잠을 잔 뒤에도 기저귀가 마른 상태 그대로일 때

8. 유아가 점심 식사를 한 뒤 20분 후에 대변을 보는 등 대소변을 보는 시간에 규칙성이 나타났을 때

9. 바지를 벗고 화장실에 갈 의사를 보이거나 스스로 바지나 기저귀를 벗을 수 있을 때

기저귀 떼는 시기를 늦춰야 하는 경우

1. 외부환경에 변화가 생겼을 때(이사, 유치원 전학, 이민 등)

2. 가정에 문제 혹은 변화가 생겼을 때(동생이 태어났을 때, 집안에 아픈 사람이 있을 때, 부모가 임시로 아기를 돌보지 못할 때)

3. 변기에만 앉으면 대소변이 나오지 않을 때(이때 부모가 아이를 계속 변기에 앉히면 상황을 악화시켜서 훈련 기간이 늘어난다)

기저귀 떼기 전 준비 사항

1. 유아용 변기를 준비한다.

2. 기저귀 떼기를 주제로 한 그림책을 준비한다. 게임을 하거나 그림책을 읽어주는 방식으로 유아용 변기 사용법을 소개하여 기저귀를 떼는 데에 흥미를 유발한다.

3. 소파, 의자, 침대에 방수시트를 깐다.

4. 배변훈련용 바지 혹은 팬티를 충분히 구매한다. 훈련을 시작한 첫 주에는 매일 6~8벌이 필요할 것이다.

5. 정식으로 기저귀를 떼기 전 일주일은 매일 정해진 시간에 유아를 변기에 앉힌다. 이때 진짜로 대소변을 볼 필요는 없다. 이 단계는 유아가 변기에 앉는 것과 정해진 시간에 화장실 가는 것에 익숙해지기 위함이다.

6. 배변 훈련을 시작하고 나서 처음 1~2주는 예전보다 훨씬 더 많은 시간과 체력, 인내심이 필요하다. 따라서 부모도 마음의 준비를 단단히 해야 한다. 시간적 여유가 많은 날을 훈련 시기로 잡는 것이 좋다.

1. 아이가 생리적, 심리적으로 준비가 되었다고 판단될 때

(1) 유아가 아침에 잠에서 깨면 화장실로 데려가 변기에 앉힌다. 그리고 아이에게 오늘부터는 기저귀를 차지 않는다고 알려준다. 처음에는 낮잠을 포함해 밤에 잠을 자기 전에 기저귀를 채운다.

(2) 정해진 시간에 화장실에 간다. 이 나이 또래의 아이는 놀기를 좋아해서 화장실로 데리고 가기가 쉽지 않다. 따라서 가장 좋은 방법은 활동과 활동 사이에 화장실에 가는 것이다. 예를 들어 아침 식사하기 전, 놀러 가기 전, 놀다가 집으로 돌아왔을 때 등이다. 변기에 앉아 있는 시간은 3분을 넘기는 것이 좋다. 이때 함께 노래를 부르거나 이야기를 들려주는 것도 좋은 방법이다.

배변 훈련을 하는 첫 번째 일주일은 30분에서 40분 간격으로 아이를 화장실로 데리고 간다. 만약 아이가 30분 동안 참지 못한다면 주기를 20분으로 바꾸도록 한다.

(3) 유아가 배변 훈련을 시작한 첫 주에는 실수를 자주 범한다. 가장 자주 일어나는 상황은 화장실에서는 아무리 기다려도 대변이나 소변이 나오지 않다가 방으로 돌아와 2분도 되지 않아 바지에 일을 보는 것이다. 빠른 아이는 2~3일이면 화장실에서 소변을 보지만 일반적으로 1~2주의 시간이 걸린다. 따라서 부모는 초반 2주 동안 무한한 인내심을 가지고 아이의 실수를 받아주어야 한다.

2. 아이가 훈련을 어려워할 때

(1) 아이가 옷에 실수를 했을 때 부모가 화를 내서는 안 된다. 단, 단호한 말투로 아이에게 실수했다는 사실을 알려준다. 그리고 대소변을 보고 싶으면 화장실에 꼭 가야하며 그렇지 않으면 옷이 젖고 냄새가 나서 불쾌해진다는 사실을 강조한다. 반대로 아이가 변기에서 성공적으로 볼일을 보고 나면 칭찬을 해줌으로써 자신이 더 이상 아기가 아니라는 사실을 인식시키고 뿌듯함을 느끼게 한다. 열 번 실패하고 한 번 성공했다고 해도 한 번의 성공을 강조한다.

(2) 아이의 상한 감정을 어루만져준다. 배변 훈련을 하면서 유아는 자신의 신체에 대한 책임감을 의식한다. 이런 심리적 부담은 퇴화행동을 유발하기 쉽다. 예를 들어 울고 보채는 횟수가 늘고 감정기복이 커지며 유아용 젖꼭지를 요구하기도 한다. 그런데 이 모든 행동은 지극히 정상적인 반응이다. 이럴 때 부모는 아이와 스킨십을 자주하는 것이 좋다. 아이를 안아주고 뽀뽀해주고 용기를 주어 사랑과 인내심으로 아이와 함께 이 과정을 넘겨야 한다.

(3) 어른은 부정적인 감정을 절제해야 한다. 유아가 온종일 집안 곳곳에 대소변을 흘리면 이를 치워야하는 부모는 화가 나기 쉽다. 그러나 이 나이 또래의 아이를 때리거나 야단치면 공포심만 불러일으킬 뿐 긍정적인 효과는 결코 나타나지 않는다. 이렇게 되면 훈련 기간만 늘어난다.

(4) 옷에 대소변을 봐서는 안 된다고 확실하게 인식시킨다. 유아가 처음 옷에 대소변을 보았을 때 야단을 쳐서는 안 된다. '너 바보니? 화장실 가라고 했는데 어째서 그걸 못해?' 혹은 '다시 한 번 옷에다 싸면 그때는 너 데리고 외출하지 않

을 거야!'와 같은 말은 아무런 도움도 되지 않는다.

그렇다고 해서 아이에게 옷에 실수를 해도 괜찮다는 생각을 심어주어서도 안된다. 가령 '괜찮아, 신경쓰지 마'와 같은 말은 적절하지 못하다. 이때는 '바지가 축축하지? 어머나 냄새도 나네. 이런 바지 입고 있기 싫지? 우리 어서 새옷으로 갈아입자. 다음에 소변이 마려우면 빨리 화장실로 가는 거야!'라고 말하는 것이 좋다. 만약 아이가 옷에 실수를 했는데 부모의 반응이 너무 담담하면 아이는 그렇게 해도 된다는 일종의 허락으로 받아들여 화장실에 가지 않으려 할 수 있다.

3. 사후 주의사항

(1) 일반적으로 소변 훈련이 대변 훈련보다 먼저 이뤄진다. 소변은 변기에 보는데도 대변은 옷에 싸는 것은 정상이다. 부모가 계속해서 아이를 도와주면 2주 후에서 한 달이 지나면 배변 훈련을 마칠 수 있다.

(2) 아이가 화장실에서 볼일 보는 데에 익숙해졌다면 이어서 부모는 아이가 낮잠을 자고 일어났을 때 기저귀의 상태를 점검한다. 만약 3~4일이 넘도록 기저귀가 뽀송한 상태 그대로이면 기저귀를 채우지 않고 낮잠을 재워도 된다. 마찬가지로 아이가 아침에 일어났을 때 기저귀가 말라있으면 밤에 채우는 기저귀마저 떼면 된다.

(3) 기저귀 떼기 훈련은 시작부터 완성까지 보통 두 달을 넘기지 않는다. 이스라엘 유치원에서는, 첫째 주에서 셋째 주까지 낮 시간의 배변 훈련을 끝내고 넷째

주에 낮잠 시간에 기저귀를 채우지 않고 재운다. 여섯째 주에서 일곱째 주가 되면 밤에 잠자기 전에도 기저귀를 채우지 않는다.

(4) 만약 한 달 반이 지났는데도 아이가 낮 시간의 배변 훈련을 끝내지 못했다면 아이가 아직 준비가 되지 않았을 가능성이 크다. 이때는 전문가의 도움을 구해야 한다.

신세계를 맛보다,
우리 아이 첫 이유식

아이와 비슷한 또래의 엄마들을 만나면 애 키우면서 겪는 고충을 털어
놓게 된다. 어떤 엄마는 아기가 밥을 먹지 않아 걱정이고, 어떤 엄마는
밥을 돌아다니면서 먹는다고 하소연한다. 겨우 한 수저 먹이면 입에 물
고만 있는 아이도 있다. 사실 이는 부모가 억지로 밥을 먹여서 생긴 습
관이다.

큰딸 노야가 생후 4개월에 접어들었을 때 나는 영아반 주임 선생님과 이유식에 관해 상담을 했다. 예를 들면 아기에게 언제부터 이유식을 먹여야 하는지, 수유 전 혹은 후에 주어야 하는지, 언제부터 모유나 분유의 양을 줄어야 하는지 등이다.

그는 유치원 영아반에서 진행하는 방법을 알려줬다.

1. 유치원 영아반에서는 생후 6개월 전후의 아기에게 이유식을 제공한다. 집에서는 아기의 상태를 보고 부모가 결정하되 보통 생후 4개월 전후가 적당하다.

2. 생후 6개월 전일 경우 유치원에서는 아기의 활동주기에 따른다. 즉 배고프면 먹이고, 졸리면 자게 하는 것이다. 생후 6개월부터 유치원에서는 아기의 활동주기를 조정하기 시작한다. 낮엔 놀고 밤엔 자도록 한다. 또한 하루 세 끼 식사를 하는 습관을 들이기 시작한다.

3. 아기가 이유식을 잘 먹으면 젖이나 분유 먹이는 횟수를 조금씩 줄인다. 일반적으로 생후 1년 전후의 유아는 세끼 식사를 위주로 하고 분유를 보충으로 섭취한다.

이유식을 먹이는 시기와 구체적인 방법은 다음과 같다.

1. 아기가 의자에 앉을 수 있다.

2. 앉을 때 아기의 목이 안정적으로 머리를 지탱할 수 있다.

3. 아기가 음식에 흥미를 보이고 또한 음식을 입술 가까이 가져갔을 때 입을 열어 먹고자 하는 반응을 보인다.

4. 아기가 음식을 씹어 넘길 수 있다.

5. 아기가 다양한 형태와 질감의 물체를 손으로 쥐고 입 안으로 넣을 수 있다.

아기가 위의 모든 항목에 해당한다면 충분히 이유식을 먹을 수 있다. 보통 생후 4개월 이후, 대다수의 경우 생후 6개월 때 이유식을 준비하면 된다.

이유식을 먹이기 위한 준비

1. 식기와 조리 도구

식기는 무독성으로 쉽게 깨지지 않는 것이 좋다. 최근 이스라엘 유아교육계에서는 덩어리가 전혀 없는 음식을 아기에게 주면 삼키는 능력을 훈련하는 데 좋지 않다고 본다. 따라서 이유식을 준비할 때 믹서를 이용해 과일과 채소를 갈아주는 것을 장려하지 않는다. 과일의 경우 일반 가정에서 쓰는 채칼을 이용하고, 채소는 푹 익혀 숟가락으로 으깨도록 권하고 있다.

2. 점검표 만들기

아기가 처음 이유식을 먹기 시작하면 각각의 음식에 대해 알레르기 반응 여부를 확인

해야 한다. 한 종류의 음식을 3일 동안 먹이고 이상이 없으면 다른 한 가지 음식을 추가

한다. 이때 표를 만들어 냉장고에 붙여서 점검하는 것이 좋다. 매일 아기가 음식을 먹고

난 뒤 체크 표시를 하면 그동안 어떤 음식을 먹었는지 쉽게 확인할 수 있다.

날짜	음식명	
	당근	호박
6/1	V	
6/2	V	
6/3	V	
6/4	V	V
6/5	V	V

3. 점차적인 시간 조정

생후 6개월 이후의 아기는 젖이나 분유 먹는 시간을 3~4시간 간격으로 조정하고, 낮

에는 2~3회 짧은 낮잠을 자도록 한다. 이렇게 하면 처음부터 이유식을 먹는 시간이 성

인의 식사시간과 가까워진다.

4. 응급상황에 대한 대비

딱딱한 음식을 먹을 때 목에 걸리는 경우가 있다. 이때 목에 걸린 음식물을 꺼내는 방

법 등 대처법을 알아두어야 한다. 아기를 돌볼 때 여러 가지 상황이 일어나지만 위험한

상황은 주로 어른 혼자서 아기를 볼 때 일어난다. 따라서 유아를 둔 가정에서는 반드시 기본적인 응급처치법을 숙지해야 한다.

진행 방법

1. 시간과 횟수

처음에는 하루 1회로 하고 점심식사 때 제공한다. 아기의 수면 시간과 이유식을 보고 어떻게 반응하는지를 유심히 살핀다. 1~2주가 지나면 저녁식사에도 이유식을 주되 점심식사 때와 같은 음식을 준다. 한 달이 지나면 아침식사에도 추가한다. 한 번에 여러 종류의 음식을 주어서는 안 된다. 음식물에 알레르기 반응을 보일 경우 그 원인을 찾기가 어렵기 때문이다. 3일마다 새로운 음식으로 바꾸면 음식에 대한 알레르기 반응과 함께 아기의 소화능력을 확인할 수 있다.

이유식은 분유를 먹기 1시간 전에 먹이는 것이 좋다. 예를 들어, 아기가 아침 6시에 일어나 분유를 먹으면 8시 반에 이유식을 먹이고 그로부터 1시간 뒤인 9시 반에 분유를 먹이는 것이다. 이유식을 먹인다고 해서 바로 분유병을 없애서는 안 된다. 아기가 원래 분유를 먹었던 시간 그대로 분유를 먹이면서 이유식을 추가할 뿐이다.

아기가 이유식을 먹기 시작한 지 3개월이 지나면 아침식사 이후 분유를 먹이지 않아도 된다. 이유식을 먹은 지 5~6개월째 되면 점심식사 이후의 분유를 끊는다. 만 12~14개월 전후가 되면 분유를 완전히 끊고 음식으로만 식사를 할 수 있다.

2. 음식의 종류

삶아서 익힌 뿌리채소와 줄기채소부터 시작해서 점차 생으로 먹는 채소를 주고 마지막으로 과일을 제공한다. 이런 순서를 지켜야 하는 이유는 무엇일까? 사람은 누구나 단맛을 좋아하기 때문이다. 만약 처음부터 아기에게 단맛이 강한 과일을 먹인다면 다음부터 아기가 채소를 거부할 확률이 높아진다.

아기에게 이유식을 먹일 때 제철에 나는 채소부터 시작하는 게 좋다. 우리 집의 세 딸 모두 세상에 태어나서 처음 맛본 이유식은 삶아서 으깬 당근과 치킨스프였다. 다음으로 단호박, 늙은호박, 감자, 고구마 등을 먹었다.

이유식을 시작하는 처음 두 달 동안은 아기가 음식 본연의 맛을 알 수 있도록 두 가지 이상의 음식을 섞어서 주지 않는 것이 좋다. 예를 들면 으깬 당근과 으깬 고구마 두 가지 음식이 있으면 따로 먹게 한다. 이유식을 먹이는 목표 중 하나는 아기가 음식의 맛과 질감을 구분하여 점차 자신의 기호를 찾는 것이다.

3. 아이가 스스로 먹으려 할 때

아기가 이유식을 시작한 지 한두 달이 지나면 부모가 떠먹여주는 것을 거부하며 자신의 손으로 먹으려 한다. 이때 아기가 삼키는 데 문제가 없다면 익힌 채소 혹은 부드러운 과일(바나나, 키위, 귤 등)을 길게 잘라서 아기가 손으로 잡고 먹게 한다. 식빵의 질긴 겉면, 적당한 길이의 국수면도 아기가 잡고 먹기에 좋은 음식이다.

아기가 먹는 동안 여기저기 흘리고 묻히는 것은 지극히 정상이다. 아기가 자기 손으로 먹는 것은 대뇌 훈련과 자아발달에 도움이 된다. 식사 전에 바닥에 신문지를 깔아두면 나중에 치울 때 편하다. 일반적으로 아기가 음식을 먹을 때 처음에는 집중해서 먹다가 배가 부르면 음식을 가지고 놀거나 흘리기 시작한다. 이때 부모는 아이를 식탁에서 데리고 나와도 된다.

4. 음식을 먹일 때 지켜야 할 원칙

이스라엘에서는 다음의 원칙을 강조한다.

'부모는 언제, 무엇을 먹일지 결정하고 아기는 먹을 것인지 먹지 않을 것이지, 얼마나 먹을 것인지를 결정한다.'

즉, 아기에게 억지로 음식을 먹이는 것을 옳지 않은 교육으로 보고 있다. 보통 자기 손으로 음식을 먹는 아이가 그렇지 않은 아이에 비해 음식에 대한 나름의 기호를 가지고 있다.

결혼하고 아이를 낳은 뒤 대만에 여러 차례 방문했다. 그때마다 엄마가 된 친구들을 만나면 애 키우면서 겪는 고충을 서로에게 털어놓게 된다. 어떤 친구는 아기가 밥을 먹지 않아 걱정이고, 어떤 친구는 아이 뒤를 따라다니며 먹이느라 식사시간이 한 시간이 넘는다고 하소연한다. 겨우 한 수저 먹이면 삼키지도 않고 뱉지도 않고 그대로 입에 물고만 있는 아이도 있다. 사실 이런 상황은 부모가 그동안 아이에게 억지로 밥을 먹여서 쌓인 습관이다.

이 책을 읽는 독자들은 음식 먹을 권리를 아이에게 돌려주기 바란다. 아이 스스로 먹게 하고, 아이가 무엇을 먹고 얼마나 먹을지 결정하게 하

자. 그렇게 된다면 식탁은 아이가 자신이 어떤 음식을 좋아하는지 발견하고 이해하는 학습의 장이 될 것이고 부모 또한 아이의 식사량과 기호를 파악할 수 있는 유익한 공간이 될 것이다.

이상 유아기까지의 유대인 육아법에 대해 알아봤다. 이후의 육아 방법에 대해서는 이미 많은 자료나 책이 나와 있다. 독서 교육이라든지, 토론식 공부 방법 따위가 그렇다. 이 책의 초점은 아이 스스로 학습할 수 있도록 하는 데 있다. 아이들마다 자신에게 맞는 성장 단계가 있다는 사실에 대한 이해 없이 교육법만 열거하는 것은 의미가 없다. 유대인 육아법의 주체는 부모나 교육 기관이 아니고 아이 스스로다. 부모는 자식의 발달이 느린 것처럼 보여도 조바심을 내지 말고 오히려 기다릴 줄 알아야 한다. 이것이 현지에서 목격한 유대인 교육법의 핵심이라고 할 수 있겠다.